命を守るための

土砂災害読本

岡山県過去20年の降雨量に基づいて

佐藤文晴

吉備人出版

はじめに

平成26年8月に広島災害が発生し、多くの被害がでました。その直後から、テレビ局や新聞等のマスコミ関係者、一般の皆様、私の身近な方々から大変多くのお問い合わせを受けました。それぞれをまとめると、おおよそ次のような会話になります。

「広島で災害が発生しましたけど、岡山は大丈夫ですか？」

「――岡山は広島と同じ地質ですので、同じような雨があれば災害が発生する可能性はありますよ」

「最近岡山では、災害が起きていないので、土砂災害には強い地域ではないのですか？」

「――そうではありません。逆に最近災害が発生していないから、その危険性が高まっているのです。たまたま、岡山では今回のような豪雨が都市周辺で発生していないので、災害が起きていないだけなのです」

「じゃあ岡山では、広島のような雨は降るのですか？」

「――その可能性は十分に考えられます」

「じゃあ、どのようにすればいいのですか？」

「――まず、ハザードマップ等で自分のいるところが危険なのかあらかじめ確認しておくこと。危険でなければ何もしなくても大丈夫。危険であれば普段から大雨が降った時の対応を考えておくことです。例えばいつどこに誰とどのように避難するのかについてです」と回答していました。

平成27年9月には、台風18号に伴う豪雨のため、約20河川で堤防が決壊し、100箇所以上の土砂災害が発生しました。毎年のように豪雨災害が発生しています。

こうした災害時に、キーワードとなっているのが雨です。私も約40年岡山に居住し、かつ大学では気象コースに配属されておきながら、地元岡山の降雨については、『県南地域は100㎜くらいだろう』という程度に考えていました。現所属になって岡山県の降雨について詳しく調べ始めてから今年で3年目。ようやく感覚ではなく数値でおおよその傾向がわかってきました。本書では、基本的に一般のみなさまを対象として記述しました。しかし、数値データについては、防災に携わる技術者の方にも参考となる資料を掲載しています。一般のみなさまに分かりやすいようにと記述しております。岡山県の詳細な降雨資料が登場するのは中盤以降です。冒頭は、ニュースで報道された近年の災害事例について土砂災害と降雨の関係及び降雨に関する基準など、一般のみなさまからご質問いただいた内容についてわかりやすく説明しています。

第1章では、まず我が国における近年の土砂災害の発生状況とその時の降雨の状況について概要を示しました。甚大な土砂災害が発生する降雨量や、地域特性などを理解することが、危険度を把握する上で必要だからです。特に中国地方の災害事例に着目してください。

第2章では、降雨量に関する基準値について説明しています。土砂災害に関する警報は、大雨警報、大雨注意報、土砂災害警戒情報等があります。それを踏まえて中国地方の土砂災害に着目して、時系列的に降雨量と防災情報の発表の状況をまとめました。どのタイミングで避難行動を起こすのがベストなのかについて、過去の事例とともに紹介します。また、岡山県においても、近年豪雨により同時多発的な土砂災害が発生した事例があります。幸い死者行方不明者がでなかったため、大きなニュースに取り上げられませんでしたが、もし、都市周縁部で発生していたら大変なことになった可能性のある事例を紹介しました。

第3章から第6章までは岡山県の降雨量の特性について示します。

第3章は、岡山県における降雨量観測の概要を示します。雨量観測所の位置や設置状況について整理しました。併せて、降雨量データの整理条件や算定した降雨指標について、説明しています。

第4章は、前章で示した降雨指標について分析した結果を示します。岡山県における過去20年間の降雨量データから、雨量の極値がどのくらいなのかを定量的に整理しました。また、降雨の地域特性についてもはっきりとした傾向が読み取れますので、確認してください。

第5章は、第2章や第3章で示した降雨基準に対してどのくらいの降雨頻度があるかを示し、土砂災害の発生の危険性について述べています。さらに、全国の降雨頻度の時系列的な変化と比較します。さらに、雨の降り方でおおよその雨量の目安を読み取っていただけるように雨量とその時の状況について資料を提示します。

第6章に、最近話題となっている『○年に一度の降雨』という指標の考え方について紹介します。天気予報でも大雨特別警報（50年に一度の降雨）が発表されることとなり、頻繁に使われるようになってきました。この考え方は、最近学会等でも頻繁にでてきています。

第7章に、本書の主題をまとめています。データ整理やグラフが苦手な方はこの章だけを読まれてもよいでしょう。土砂災害で、大切な人を失わないために、みなさまができることについて記述しました。それまでの章で整理した資料を基に、客観的に記述しました。大切なことはご自身で調べて行動に出ることです。そのために、誰でもできる防災対策について、順を追って説明しました。行政や人任せにせず、ちょっとだけ調べて、その情報や避難対応について家族で話し合っていただきたいと思います。

平成11年と26年の広島災害をはじめ、岩国、津和野、萩、庄原、防府など近年中国地方では近年、大きな災害が発生し続けています。豪雨による災害は岡山県でもすでに発生しています。今後、広島のような死傷者の出る大きな災害が起きる可能性は十分にあります。

平成26年は、岡山県の水防テレメータシステムのデータが蓄積されてちょうど20年の節目に当たります。この自動観測所数は１１２箇所となり、岡山県全域をカバーするものとなっています。本書には過去20年間の岡山県の降雨量と土砂災害の傾向について分析を行った結果の一部を掲載しています。岡山県の雨について理解を深めていただき、災害が発生したときには被害を最小限にとどめてほしいと願っています。

岡山理科大学　生物地球学部　生物地球学科　佐藤丈晴

平成27年6月

命を守るための土砂災害読本◎目次

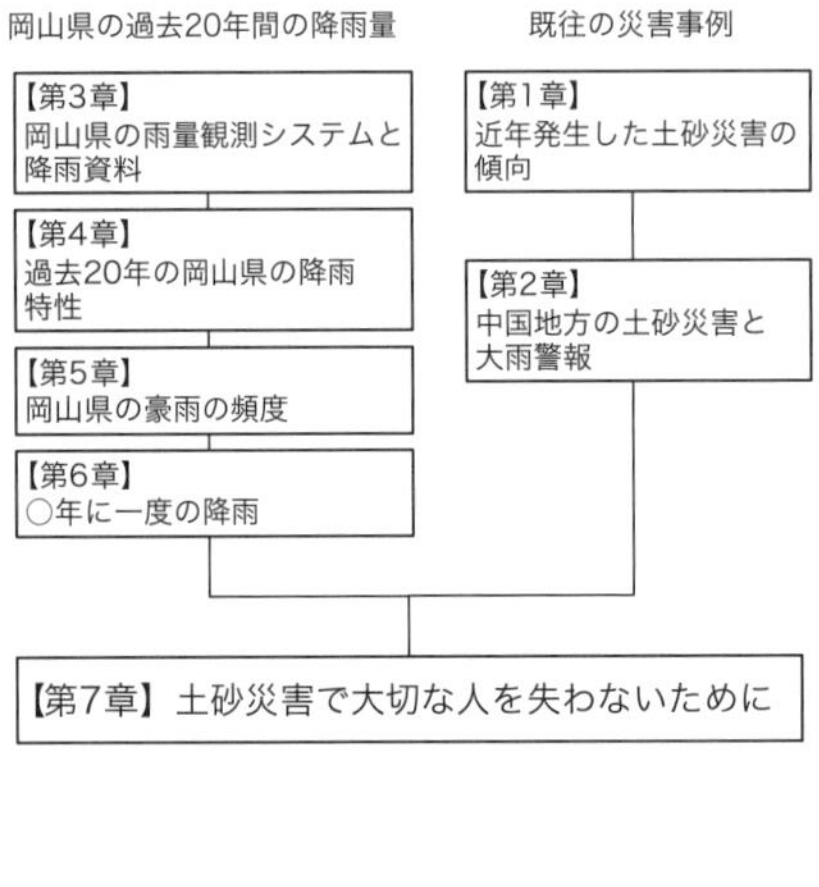
岡山県の過去20年間の降雨量
既往の災害事例
【第3章】岡山県の雨量観測システムと降雨資料
【第4章】過去20年の岡山県の降雨特性
【第5章】岡山県の豪雨の頻度
【第6章】○年に一度の降雨
【第1章】近年発生した土砂災害の傾向
【第2章】中国地方の土砂災害と大雨警報
【第7章】土砂災害で大切な人を失わないために

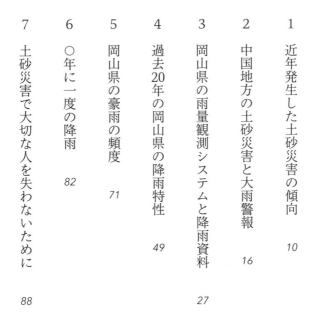

命を守るための土砂災害読本

1　近年発生した土砂災害の傾向

まず、私たち一般市民ができる土砂災害への対策についてお話しします。主に豪雨に関する話題が中心になります。私たちは、豪雨時に瞬時に正しい判断をすることは難しいので、事前に準備することが何よりも大切です。

始めに、どのような豪雨となった時に土砂災害が発生するのかについて、過去の事例を提示し、今までの研究や防災に関する仕組みについて紹介したいと思います。

平成26年の夏、広島市で同時多発の土砂災害が発生し、被害は大変大きく

図1.1　だれでもできる防災対策は話し合うことから

なりました。この災害の特徴は、大都市周辺で発生した土石流災害であることです。同じような災害は全国各地で発生していますが、被害を受けた地域が大都市周辺部であったのは、平成11年の広島災害以来ではないでしょうか。近年に発生した代表的な災害について、表1・1に示しました。

表1.1　近年の豪雨災害とその時の降雨量

No.	災害年	災害名	被災日時	総降雨量 (mm)	最大時間雨量 (mm/hr)
1	S57	長崎大水害	1982/7/23 20:15	532	187
2	H11	広島6.29豪雨	1999/6/29 15:00	240	79
3	H15	大分豪雨	2003/11/28 7:00	628	98
4	H16	宮川村災害	2004/9/29 9:30	1261	150
5	H17	宮崎（鰐塚山）豪雨	2005/9/6 8:30	1358	56
6	H17	宮島災害	2005/9/6 22:00	239	33
7	H18	九州南部豪雨	2006/7/22 16:15	748	88
8	H21	防府災害	2009/7/21 12:20	296	60
9	H22	庄原豪雨	2010/7/16 17:00	173	72
10	H23	高知北川村豪雨	2011/7/19 18:30	1199	62
11	H23	十津川大水害	2011/9/3 9:58	1815	46
12	H24	九州北部（阿蘇）豪雨	2012/7/12 5:00	817	106
13	H25	山口・島根豪雨	2013/7/28 8:55	381	73
14	H25	伊豆大島豪雨	2013/10/16 2:30	824	119
15	H26	南木曽災害	2013/7/9 17:41	266	76
16	H26	広島豪雨	2014/8/20 3:20	247	87

表1・1は近年発生した豪雨災害について、土砂災害に関する研究を行っている学会の一つである砂防学会誌に記載された災害を取りまとめたものです。参考に昭和57年の長崎大水害と平成11年の6・29広島災害を特別に加えました。この二つは、土砂災害に関する対策の流れを変えた災害として知られている災害です。これらの災害を個々に整理すると降雨量について大変興味深い結果が得られます。被災日時は、引用した論文や参考資料を基に整理しました。表中の総降雨量と最大時間雨量は、引用文献に記載されているもの、あるいは文献中

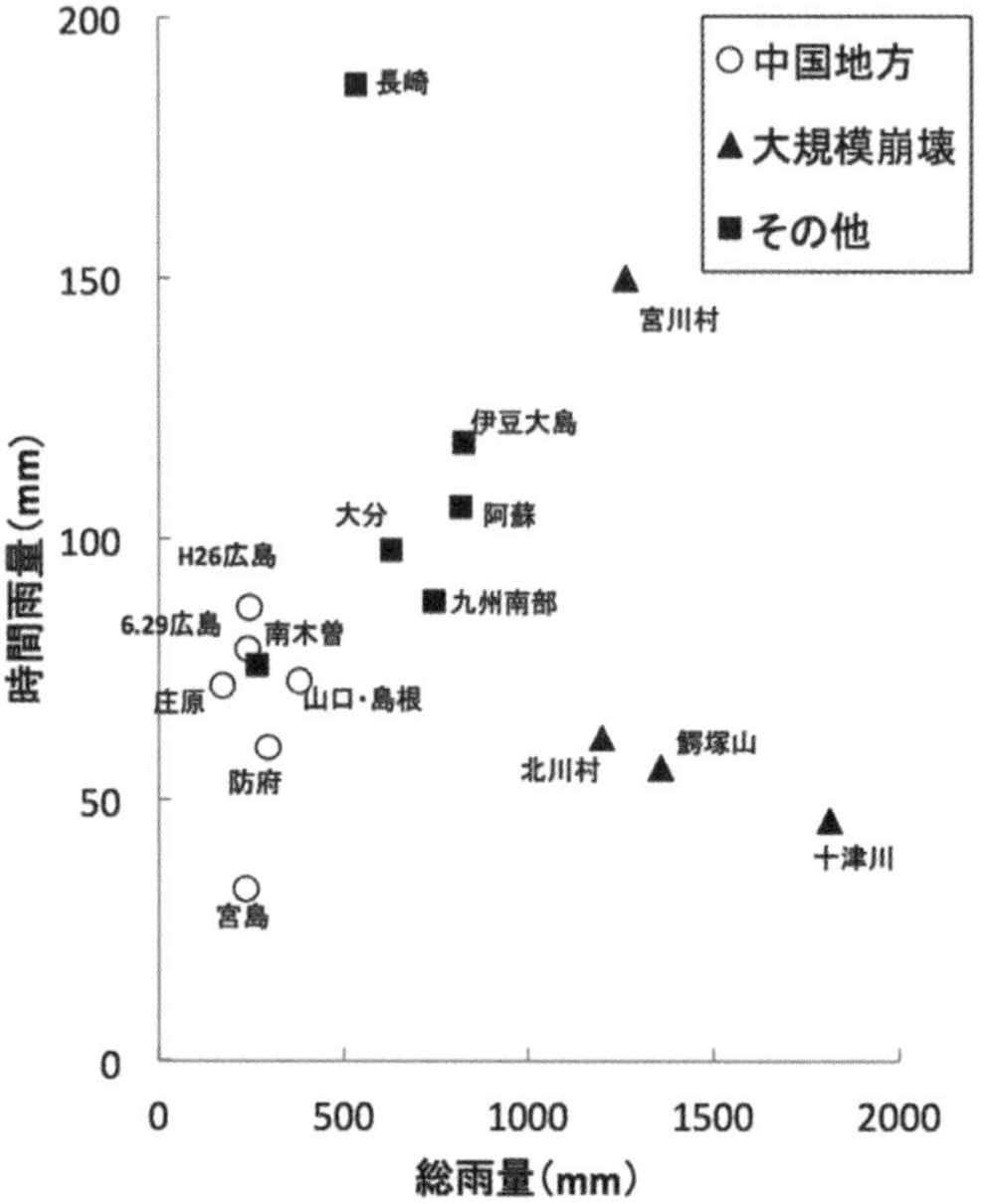

図1.2　各災害の総降雨量と最大時間雨量

のグラフを読み解いたもの、実際に雨量データを収集して計算したものが混在しています。また、広域に豪雨があった災害は、個々の観測所によって降雨量が異なっていますが、ここでは文献に記載の値を示しています。ここで示した数値はおおよその傾向を分析するものとして考えてください。

さて、表1・1中の総降雨量と最大時間雨量を軸に取った散布図を書くと図1・2のようになります。中国地方の災害を白抜きにマーキングしました。驚くことに、例外なく非常に少ない降雨で災害が発生しています。ここに挙げた6災害はいずれも総降雨量で400㎜未満、時間雨量も90㎜未満となっています。他地域の災害では南木曽の災害が同じ降雨領域で災害となっていますが、ほとんどが、総降雨量で500㎜以上、時間雨

表1.2　中国地方の土砂災害危険箇所数と都道府県別順位

	土石流危険渓流（平成14年度公表値）		急傾斜地崩壊危険箇所（平成14年度公表値）		土砂災害危険箇所の合計（地すべり危険箇所も含む）	
	箇所数	順位	箇所数	順位	箇所数	順位
鳥取県	2,593	33	3,481	35	6168	36
島根県	8,120	2	13,912	4	22296	2
岡山県	6,441	6	5,360	25	11999	20
広島県	9,964	1	21,943	1	31987	1
山口県	7,532	3	14,431	2	22248	3

国土交通省HP（http://www.mlit.go.jp/river/sabo/link20.htm）より引用

量で90㎜以上となっています。中国地方では、降雨量が少なくても災害が発生する危険性が高いことを認識しなくてはなりません。

では、なぜ中国地方では、降雨量が少なくても災害が発生するのでしょうか？　それは、もともとの地形や地質に問題があると考えられます。地形・地質の話はまた別の機会にするとして、中国地方は土砂災害の危険性が高いことを示す資料があります。表1・2は中国5県の土砂災害危険箇所の箇所数を示しています。土砂災害危険箇所とは、国土交通省の調査要領・点検要領により都道府県の調査で判明した、土砂災害が発生するおそれの高い箇所です。表1・2は土石流の発生の危険性が高い土石流危険渓流と崩壊の可能性の高い急傾斜地崩壊危険箇所の箇所数を表しました。

土石流危険渓流については、岡山県は47都道府県中第6位に位置しており、全国的に見ても土石流の発生しやすい県となっていることがわかります。全国的に見ても大変危険度が高い地域なのですが、近隣県を見ると第6位がかすんで見えます。広島県、島根県、山口県と全国で第1位～第3位までを中国地方が占めていることはあまり知られていません。この3県は土砂災害危険箇所の総数においても、全国でトップ3です。急峻な山地の多い中部地方、近畿地方、四国地方と比較して、なだらかな山地である中国山地であるにもかかわらず土砂災害危険箇所の数は突出して多いのです。つまり中国地方は全国有数の土砂災害が発生する危険性の高い地域であることを意味しています。このように土砂災害発生の素因を数多く有していることも、少ない降雨で災害が多発する原因の一つと考えられます。

図1・2中に▲で示した災害は、いずれも西南日本外帯（太平洋側の地域）で大規模崩壊（深層崩壊）が発生した災害です。これらの地域の特徴は、地質が降雨をしっかりと保有する性質を持っており、ある程度の降雨まで地下水を蓄えることが可能だという点です。しかし、その限度を超えてしまうと、耐えきれなくなり、山全体が

図1.3　深層崩壊のイメージ

崩れてしまう現象を引き起こしてしまいます。西南日本の外帯（太平洋側の地域）は通常降雨量の多い地域であり、すでに何度も豪雨を経験していることから、かなり多量の降雨であっても十分に耐えられる地形地質を呈していると言えます。

深層崩壊とは、「山崩れ・崖崩れなどの斜面崩壊のうち、すべり面が表層崩壊よりも深部で発生し、表土層だけでなく深層の地盤までもが崩壊土塊となる比較的規模の大きな崩壊現象」と定義されています。山の深部まで崩壊しますので、大規模な崩壊現象となります（裏表紙の写真）。この深層崩壊は、近年定義された現象であり、土砂災害危険箇所として定義されていません。よって危険箇所には登録されていませんが、近年は深層崩壊を対象としたハザードマップ等が作られています。

本章では、近年の土砂災害の状況とその時の降雨について紹介しました。中国地方では、全国で発生した災害と比較して少ない降水量で災害が起こることをご理解いただいたと思います。過去の災害を教訓にして、次に来る土砂災害に対して、万全の備えをしたいところです。次章では中国地方で発生した土砂災害について、土砂災害に関する気象予報と災害発生時刻を示し、気象予報の有意性について紹介します。

2 中国地方の土砂災害と大雨警報

1 大雨警報と大雨注意報

土砂災害に関する降雨の基準として最も知られているのが、大雨警報と大雨注意報です。毎日の天気予報で昔から用いられているので、誰もが知っています。

さて、それでは質問です。大雨警報とはどのような警報でしょうか？ なんとなく想像できるとは思いますが、はっきりした定義までは興味のある方以外は答えることは難しいと思います。気象庁のＨＰでは次のように定義されています。

【大雨警報】

大雨による重大な災害が発生するおそれがあると予想したときに発表します。

【大雨注意報】

大雨による災害が発生するおそれがあると予想したときに発表します。

この大雨警報・注意報の定義は実に深みのある言葉だと思います。数回読み直すと理解できるでしょう。気象台の専門家が近いうちに重大な災害（例えば第１章で紹介した事例など）

が発生する可能性があると予想した時に発表します。すなわち、その時の降雨が基準を超えたとき発表するというものではないということです。講義などで「雨が降っていないのに警報が出されるのはおかしいのでは？」という質問を受けますが、その直後に大きな降雨が予想されていれば、警報を発表するものと説明します。また、その反対に発表基準を超えていたにもかかわらず発表されない場合もあるということです。

ただ、大雨警報・大雨注意報は、発表する地域が決まっていますので、その地域の一部で雨が降っていないときもあります。それは運用上やむを得ないものと思います。

2　岡山県の土石流発生時の降雨状況

こういうことを説明すると、「その警報の発表基準は、本当に土砂災害とリンクしているの？」と聞いてくる学生がいます。そういう質問が来ることを想定して、講義ではこちらも準備をしておきます。岡山県において、発生時刻が明確となっている土石流災害について図2・1に示します。図2・1は1995年以降に岡山県内で発生した土石流災

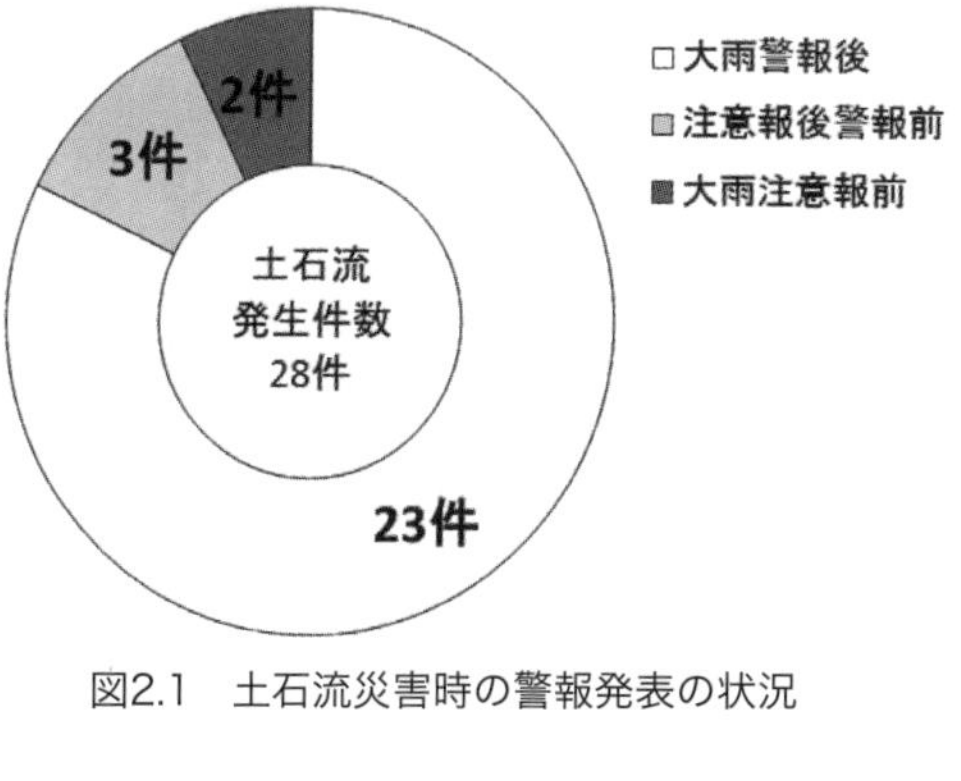

図2.1　土石流災害時の警報発表の状況

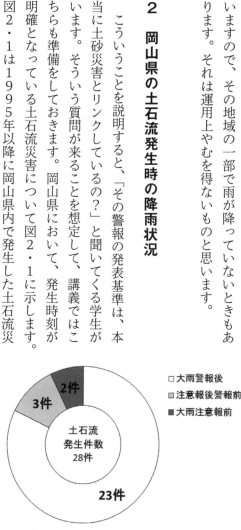

害を対象としました。土石流を採用した理由は、大雨警報の定義中にある重大な災害に該当するのは通常土石流災害だからです。土石流災害28件中23件が大雨警報後に発生しました。このことから、大雨警報が発表されるときは、今後重大な災害（土石流）が発生するおそれがある状況といえます。

わかりやすく言えば、気象庁が「危ないよ」と言っているということ。「これ以上雨が降ったら重大な災害が起こるよ。危険な地域にお住まいの方は行動してください」と警告しているのです。最後の章でも述べますが、危険な地域にお住まいの方はこの意味を知ったうえで、豪雨時にどのような対応を取るべきかあらかじめ考えておきましょう。

3　中国地方の災害は大雨警報発表後に発生

前章で紹介した重大な災害事例のうち、中国地方で発生した災害について、災害時はどのような降雨状況であったのか、そして大雨注意報・大雨警報がどのタイミングで発表されたかを紹介します。まずは平成26年の広島災害ですが、図2・2に災害当時の雨量を示しました。このグラフの読み方は、棒グラフが10分ごとの雨量を示しています。横軸は時間を示しておりますので、左から右へ時間が進むと考えてください。折れ線グラフは降り始めからの総降雨量を示しています。グラフ右側の縦軸に総降雨量の目盛りを表示しています。この広

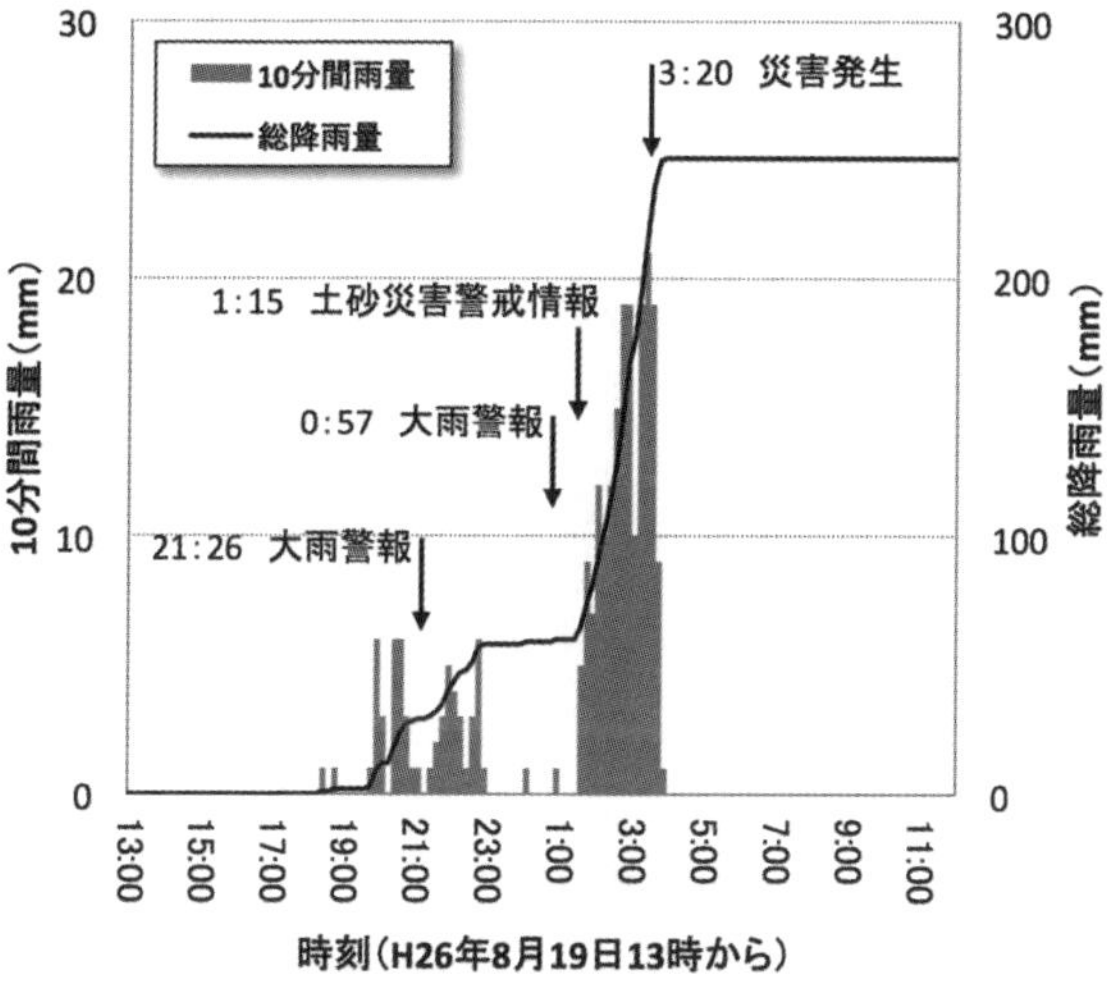

図2.2　H26広島災害時の高瀬観測所の降雨

島災害ですが、災害発生時刻は20日の3時過ぎという真夜中の出来事であったことから被害が大きくなりました。

しかしながら、もし大雨警報についてその意味を知り、十分な理解があれば、19日の21時26分に発表された大雨警報によって、何らかの行動を起こすことができました。このときに実際に避難していた方もいました。また、現地が豪雨になる前の0時57分に再び大雨警報、1時15分に土砂災害警戒情報が発表されました。この時刻では、被災地に近接した高瀬雨量観測所周辺では降雨がなかったので、避難行動がとりやすかったと思われます。そして、その直後に豪雨となり災害が発生しました。時系列的に見ると、この広島災害は、深夜の土砂災害に対する対応として課題が残ったものの、

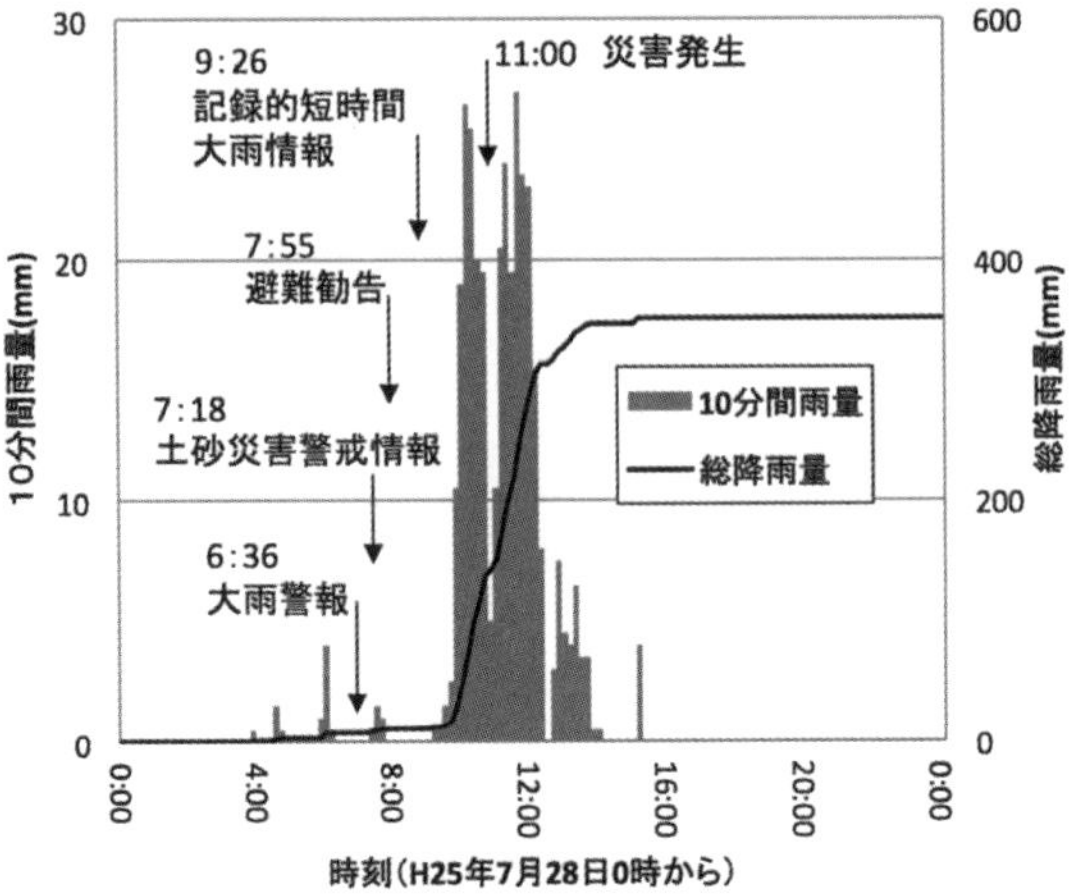

図2.3　H25山口島根災害時の須佐観測所の降雨

現在の土砂災害に対する警戒情報である大雨警報、土砂災害警戒情報が効果的に発表された事例であることがわかります。

続いて、平成25年に発生した山口島根災害の降雨状況について図2・3に示しました。土砂災害は11時以降に発生し始めますが、それ以前に大雨警報、土砂災害警戒情報、避難勧告、記録的短時間大雨情報が立て続けに発表されています。この事例も土砂災害に対する情報が効果的に発表されていました。被災地に近接した須佐観測所では、雨もなく朝であったことから、土砂災害への対応は取りやすかったと思われます。

続いて平成22年に発生した広島県庄原災害について、見てみましょう（図2・4）。この災害の特徴は、非常に限られた地域に集中豪雨が発生したという点です。現地の大戸観測

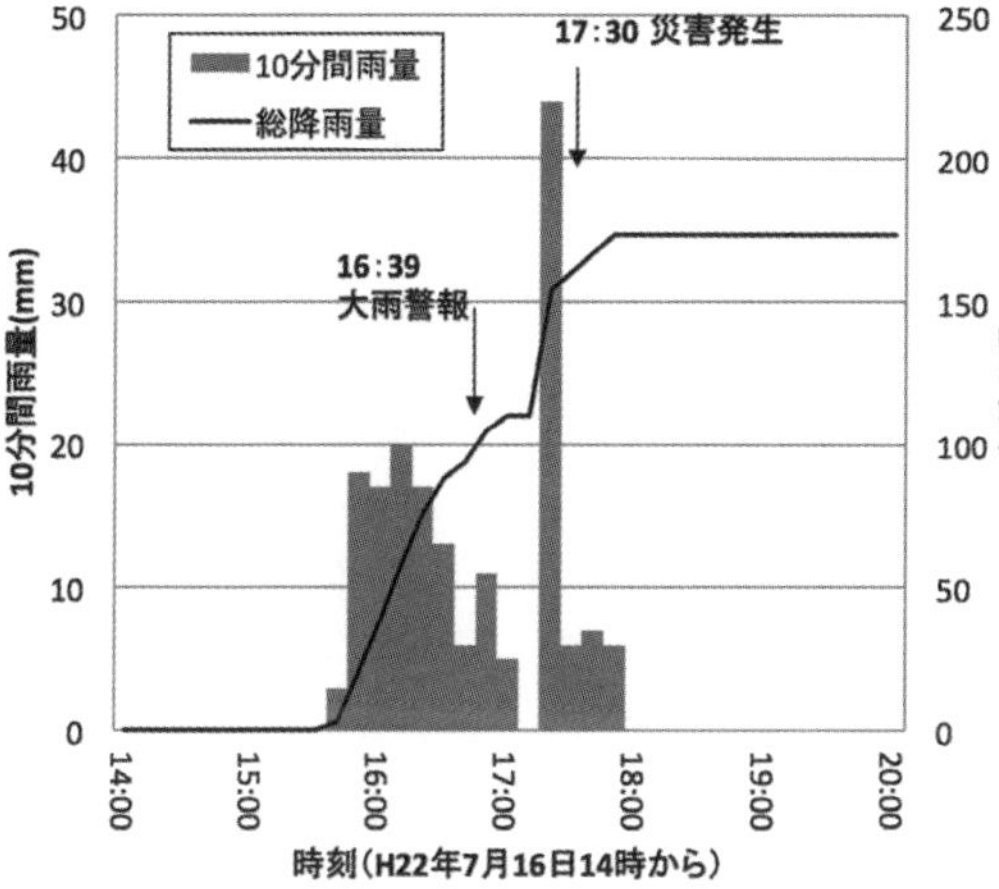

図2.4　H22庄原災害時の大戸観測所の降雨

所とそこから約5㎞離れたアメダス庄原観測所の降雨量は最大3時間雨量で100㎜程度異なるほど、狭い地域で集中的に豪雨が発生しました。しかしながら、災害発生時刻は17時30分に対して、大雨警報の発表時刻は16時39分であり、狭い範囲の局地的豪雨であっても、発表のタイミングは良好であったといえます。

最後に平成21年の防府災害について、示してみましょう（図2・5）。この災害では、前日の16時過ぎに大雨警報が発表され、その後大雨警報は夜間も解除されませんでした。翌21日の7時40分に土砂災害警戒情報が発表され、最大級の警戒が呼び掛けられました。この時から現地で大雨となり、12時過ぎに同時多発的に土砂災害が発生しました。この災害の事例は、前日より大雨警報が発表されてい

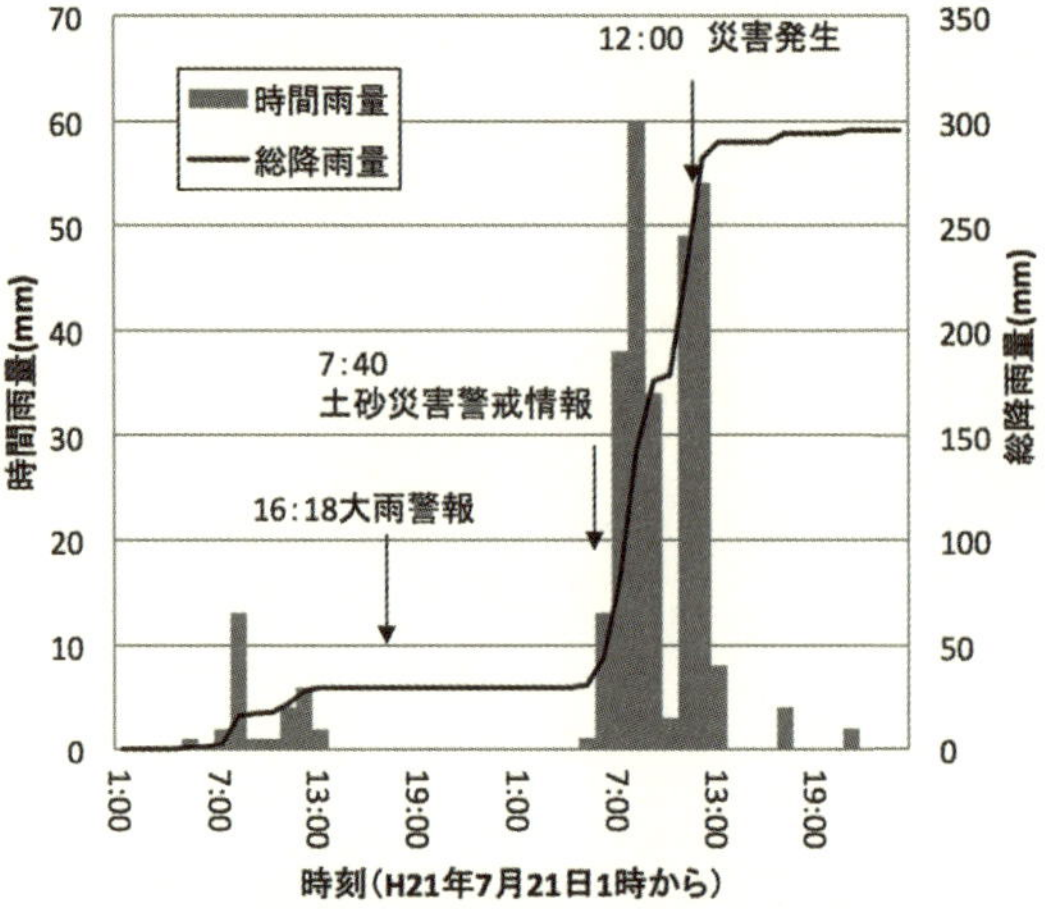

図2.5　H21防府災害時の真尾観測所の降雨

ることから、土砂災害への対応の時間が十分にあったことが読み取れます。

以上中国地方で発生した災害について、時系列的に降雨の状況及び大雨警報発表時刻と被災時刻を見てきました。いずれの災害においても大雨警報は被災以前に発表されていることが分かります。土砂災害警戒情報は、庄原災害で被災前に発表されていませんでした。このように中国地方で発生した大きな土砂災害は大雨警報を避難の基準とすれば、あらかじめ対応を取ることができます。土砂災害警戒情報は、より災害発生時刻に近い時期での発表ですが、豪雨時の発表となり避難が難しくなり、場合によっては、災害後の情報発表になる可能性もあります。また単発の小さな土石流災害においても図２・１のようにほとんどの災害が大雨警報発表後に発生しています。「大雨による重大な災害が発生するおそれがあると予想したときに発表します。」という大雨警報の意味を理解できたでしょうか。大雨警報は、重大な災害が発生する前に気象庁より的確に発表されますので、警報の意味をよく理解したうえで自主的に行動をしてください。

4　最近の岡山県の災害事例

岡山県は、土砂災害のイメージがあまりない地域です。しかしながら、土砂災害が発生しても、ありがたいことに死者・行方不明者がほぼ0であるため、大きなニュースにならず土木、防災関係者のみで片づけられていて、私たちには、その状況が伝わっていないだけのことです。

岡山県でも甚大な災害が発生したことは今までに多数あります。表2・1は1995年以降、岡山県で死者行方不明者のあった土砂災害についてまとめたものです。4件も発生したことに着目してください。災害の発生件数で言えば、年間平均で数十件、多い

表2.1　岡山県で死者行方不明者をともなった土砂災害

年度	要因	被災地	最大時間雨量	死者行方不明者
平成10年	台風	美咲町	54	3
平成16年	台風	玉野市	28	6
平成18年	梅雨	新見市	21	1
平成21年	台風	美作市	58	1

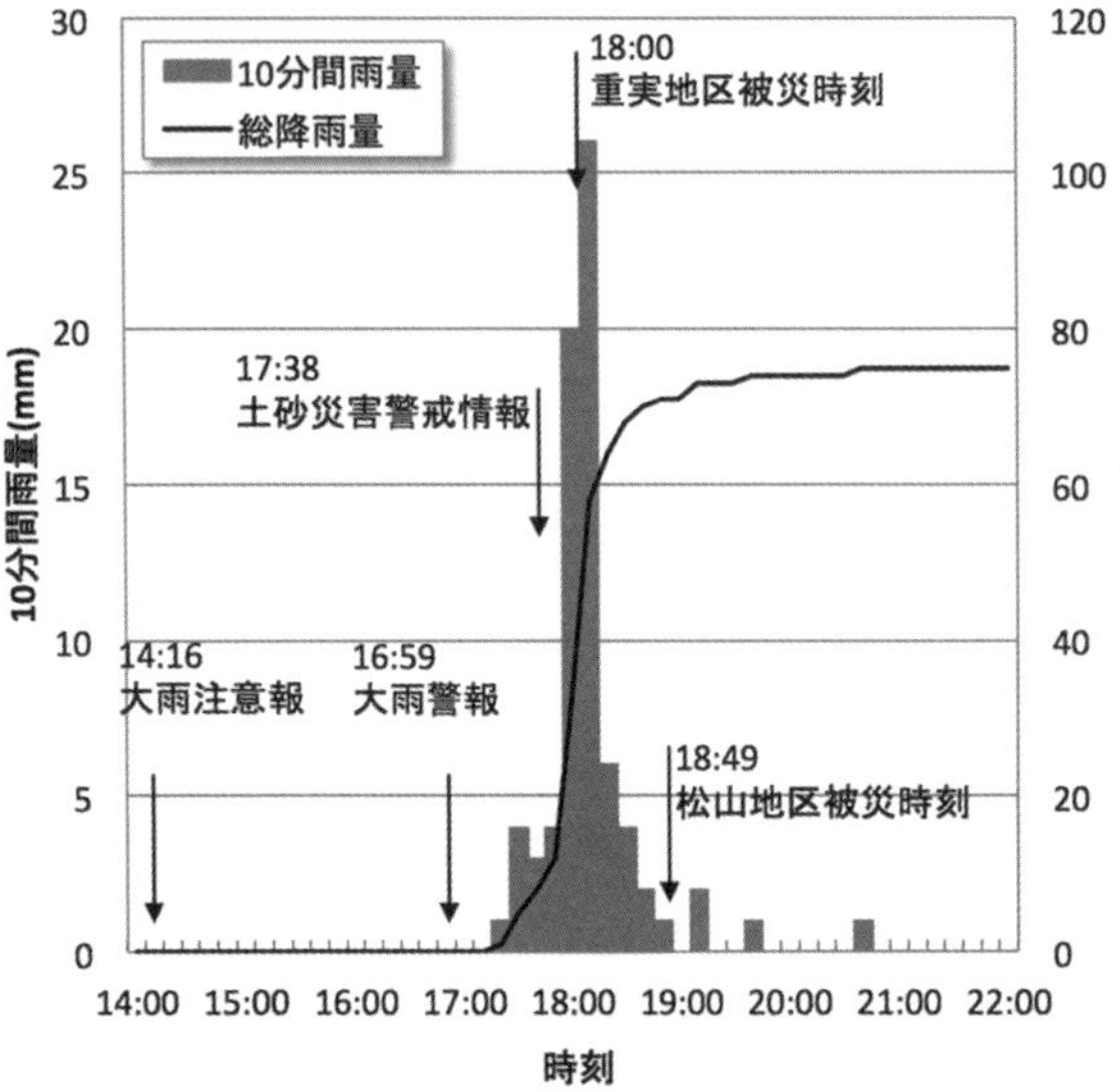

図2.6　平成25年8月に美咲町で発生した豪雨災害の雨量

年には数百件発生しています。

　最近の同時多発した土砂災害の事例を示したいと思います。２０１３年８月５日に、津山市で記録的短時間大雨情報が発表される局所的な集中豪雨が発生しました。60分積算雨量にして観測史上最大を記録する降雨があったため、土砂災害が発生し民家が被災しました。図２・６に調査対象地域に隣接する久米雨量観測所の10分間雨量の時系列図を示します。災害対象地の降雨は17時を過ぎてから突如として猛烈な豪雨となりました。縦軸は時間雨量ではなく、10分間雨量ですから、６倍ほど強度の強い降雨があったと考えてください。17時30分から18時30分までの１

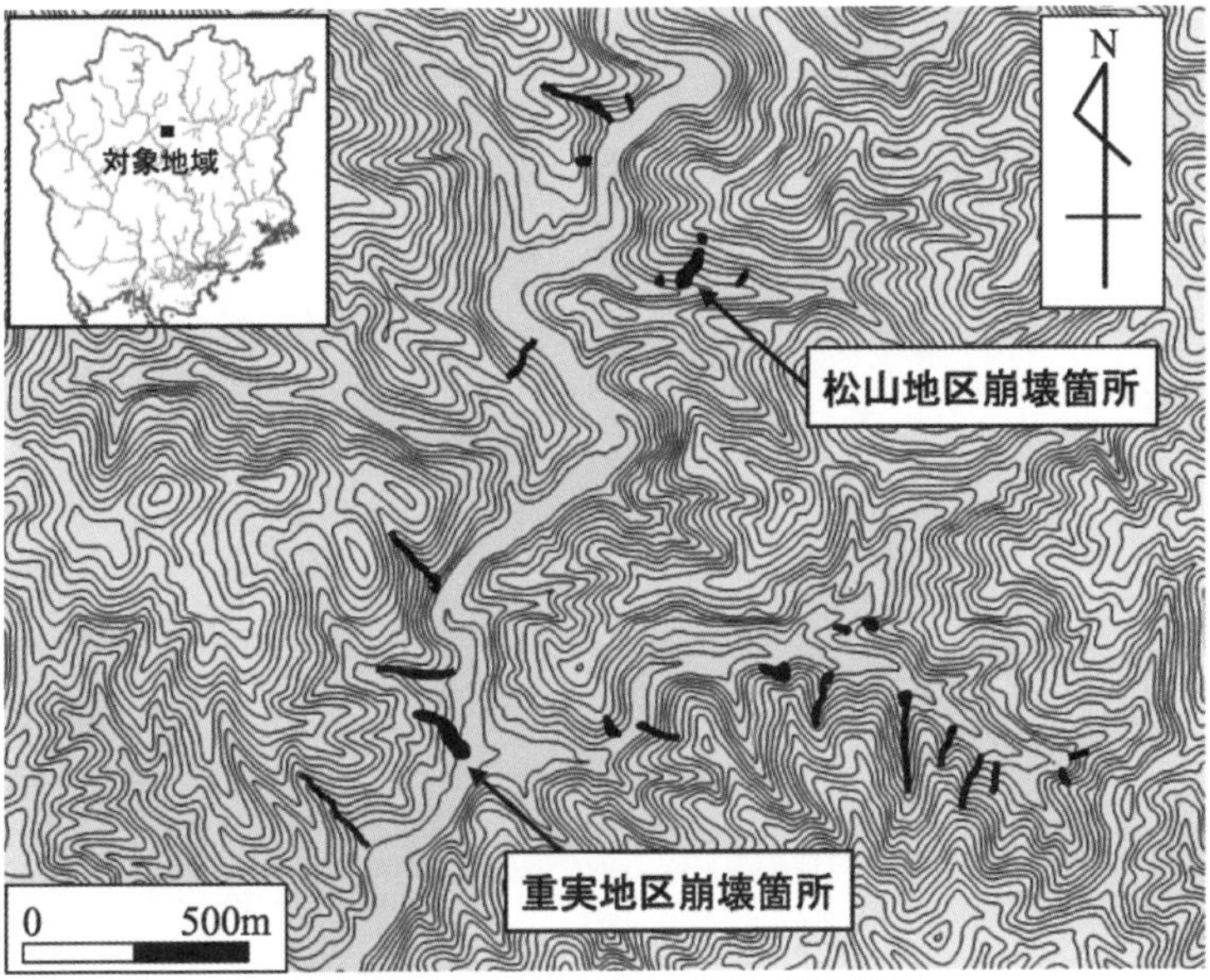

図2.7　周辺地域で災害が発生した箇所（黒い地点で災害発生）

時間雨量は63㎜を記録しました。この豪雨によって、美咲町周辺では多くの地点で土石流とがけ崩れが発生しました。発生した災害の位置図を図2・7に示します。友清川に沿った斜面で集中的に発生していることが確認できます。写真2・1及び写真2・2は、現地の被災状況の写真です。いずれも規模の小さな土石流とがけ崩れでしたが、同時多発的に発生しました。

1時間に60㎜の雨量を記録しましたが、総雨量は70㎜と小さいので、他にも原因がありそうです。ちなみにこの地域は、雨に弱いといわれる花崗岩地域ではありません。実はこの地域は前日にも30㎜の比較的強い降雨がありました。そのため、地盤の緩みを示す土壌雨量指数値は8月5日16時時点（降り始めの時点）で35㎜を記録していました。降雨前から若干の地盤の緩みがあったのです。このように、地盤の緩みのあるときには、雨量強度が少し強い降雨を記録するだけでも、同時多発的に土砂災害が発生します。この災害は中山間地で発生したため、大きな被害にはなりませんでした。もし、都市周辺部で発生したなら、広島災害と同様の大きな災害となったでしょう。

本章では中国地方で発生した災害と大雨警報等の発表のタイミングについて示しました。また、岡山県でも同様の災害が発生していることをご紹介しました。土砂災害の発生前に大雨警報が発表されていたこと、そして岡山県でも広島災害と同様の災害が発生していることを知ってほしいと思います。

写真2.1　がけ崩れ現場

写真2.2　土石流現場

3　岡山県の雨量観測システムと降雨資料

降雨量の観測は、主に地上雨量とレーダ雨量に分かれます。地上雨量計は、文字通り地上に雨量計を固定して、その地点の降雨量を計測する最も確実な方法です。私も大学で地上雨量計を設置して降雨量を観測しています（写真３・１）。雨量計さえあれば誰でも観測することができます。岡山県内にも岡山県の他に気象庁、国土交通省、市区町村等で設置されています。この中で本書が対象としているのは、岡山県が管理している岡山県水防テレメータシステムの１１２箇所です。

レーダ雨量は上空にある雨粒にレーダを照射して、面的な雨量分布を計測するものです。雨粒に反射したレーダの強度から雨量強度を割り出すシ

写真3.1　雨量観測状況

ステムとなっています。面的に計測できるので、地上雨量計のように点の情報ではないところに利点があります。たとえばＸバンドＭＰレーダ雨量情報は、現時点及び近未来の降雨状況を地図上に表示し、空間的降雨状況を時系列的に表示しています。詳細に雨域が近づいている状況を知ることができ、早めの対応をとることができます。しかし、直接降雨量を計測しているものではありませんので、若干の誤差を生じます。本書では、このデータはこの紹介にとどめます。

岡山県の降雨量の傾向を見るには、生のデータそのままではよくわかりません。このデータから、土砂災害に関する降雨指標を算定し、取りまとめて図表で提示し、わかりやすく整理いたします。

本章では、まず岡山県の水防テレメータシステムについて概要を簡単に説明し、取りまとめる降雨指標の説明と解析条件について提示します。私たち一般市民ができる土砂災害対策を説明する上で、過去のデータに基づいて話を進めておりますので、その加工方法を明示する必要があります。読者の皆様の中には、そんな細かいことはどうでもよいという方もいる

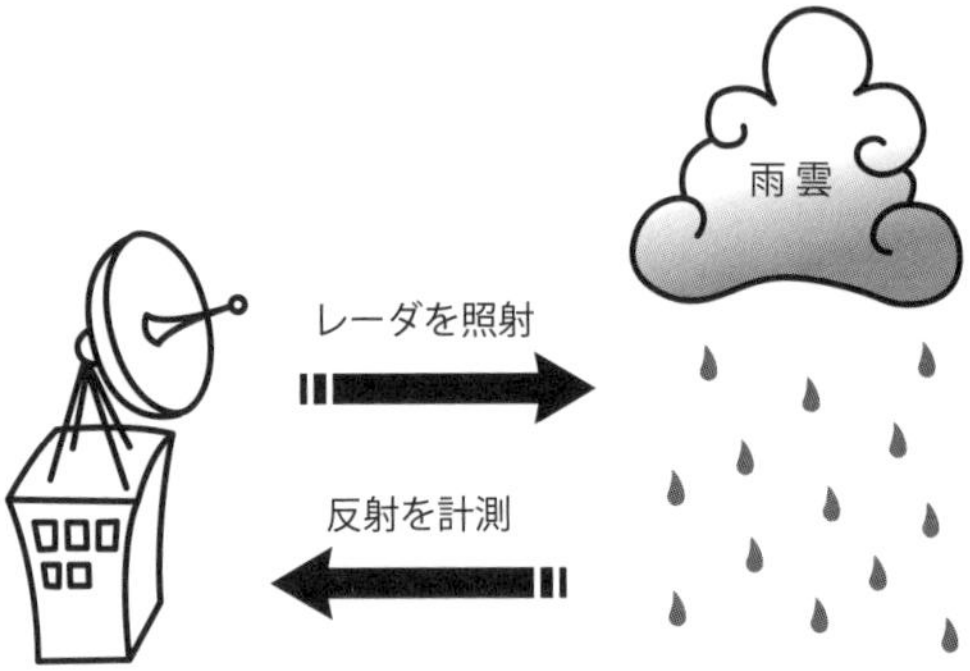

図3.1　レーダ雨量のイメージ

と思います。その場合、言葉の定義等のみご確認の上、土砂災害対策を提示した第7章へ飛び、不明な部分があれば、読み戻ってください。

1　岡山県水防テレメータシステム

岡山県水防テレメータシステムは１９９５年より1時間降雨データの蓄積が始まり、現在に至ります。２０１５年5月末でちょうど20年です。現在岡山県内に１１２箇所（周匝観測所を含む）で観測しており、年ごとに必要な地域に応じて増加しています。今回、収集整理した地上雨量計の名称と場所について表３・１に示しました。この情報は、岡山全県統合型ＧＩＳのＨＰで閲覧することができます。１９９５年6月時点の降雨量データは、71観測所で蓄積されています。図３・２に71観測所の分布図を示しました。その後２０１０年まではほぼ毎年数箇所ずつ追加して２０１４年12月末現在で１１２箇所となりました（図３・３）。観測所の番号は、「水防」テレメータの観点から、岡山県の３大河川（旭川、吉井川、高梁川）とその他に分けられ、表中の番号の３桁目の数値1~4が対応します。本書でも４つのグループに分けて表３・１から表３・４に整理しました。

表3.1　岡山県水防テレメータシステムの雨量観測所（旭川流域）

番号	観測所名	位置	設置場所	水系	所属
101	県庁	岡山市北区内山下	岡山県庁	旭川	河川課
102	岡山	岡山市北区弓之町	備前県民局	旭川	河川課
103	金川	岡山市北区御津金川	岡山市北区役所御津支所	旭川	河川課
104	金山	岡山市北区高野尻	金山中継局	旭川	防災砂防課
105	旭川ダム	岡山市北区建部町鶴田	旭川ダム統合管理事務所	旭川	旭川ダム
106	建部	岡山市北区建部町福渡	旧建部建設事務所	旭川	河川課
107	下加茂	加賀郡吉備中央町下加茂	吉備中央町役場加茂川庁舎	旭川	河川課
108	鳴滝ダム	加賀郡吉備中央町竹部	鳴滝ダム	旭川(加茂川)	鳴滝ダム
109	賀陽	加賀郡吉備中央町豊野	吉備中央町役場賀陽庁舎	旭川	河川課
110	竹谷ダム	加賀郡吉備中央町豊野	竹谷ダム管理事務所	旭川(竹谷川)	竹谷ダム
111	河平ダム	加賀郡吉備中央町下加茂	河平ダム管理事務所	旭川(日山谷川)	河平ダム
112	西軽部	赤磐市町苅田	赤磐市赤坂支所	旭川(砂川)	河川課
113	富	苫田郡鏡野町西谷	旭川ダム富観測所	旭川(目木川)	旭川ダム
114	久米南	久米郡久米南町下弓削	久米南町役場	旭川	防災砂防課
115	大垪和	久米郡美咲町大垪和西	美咲町立大垪和小学校	旭川	防災砂防課
116	上長田	真庭市蒜山上長田	湯原ダム上長田観測所	旭川	湯原ダム
117	奥田	真庭市藤森	湯原ダム奥田観測所	旭川(山田川)	湯原ダム
118	湯原ダム	真庭市豊栄	中電湯原ダム第一発電所	旭川	湯原ダム
119	湯原	真庭市豊栄	旭川ダム湯原観測所	旭川	旭川ダム
120	月田	真庭市若代	旭川ダム月田観測所	旭川(月田川)	旭川ダム
121	真庭	真庭市勝山	真庭地域事務所	旭川	河川課
122	勝山	真庭市草加部	旭川ダム勝山観測所	旭川	旭川ダム
123	落合	真庭市法界寺	旭川ダム落合観測所	旭川	旭川ダム
124	樫東	真庭市樫東	上野配水地場	旭川(余川)	防災砂防課
125	北房	真庭市山田	旭川ダム北房観測所	旭川(開田川)	旭川ダム
126	別所	真庭市別所	別所小学校	旭川(関川)	防災砂防課
127	新庄	真庭郡新庄村城ノ元	旭川ダム新庄観測所	旭川(新庄川)	旭川ダム
128	仁堀	赤磐市仁堀中	赤磐市仁堀出張所	旭川	防災砂防課
129	尾原	加賀郡吉備中央町尾原	新山ほほえみサロン	旭川(豊岡川)	防災砂防課

表3.2　岡山県水防テレメータシステムの雨量観測所（吉井川流域）

番号	観測所名	位置	設置場所	水系	所属
201	西大寺	岡山市東区西大寺町浅越	浅越観測所	旭川(砂川)	河川課
202	二日市	岡山市東区瀬戸町二日市	瀬戸排水機場	吉井川	防災砂防課
203	千町	瀬戸内市邑久町本庄	瀬戸内市消防本部	吉井川(千町川)	河川課
204	長船	瀬戸内市長船町土師	瀬戸内市長船支所	吉井川(干田川)	防災砂防課
205	八塔寺川ダム	備前市吉永町高田	八塔寺川ダム管理事務所	吉井川(八塔寺川)	八塔寺川ダム
206	加賀美	備前市吉永町加賀美	八塔寺川ダム管理事務所加賀美観測所	吉井川(八塔寺川)	八塔寺川ダム
207	岡	赤磐市岡	市有地(消防帰庫横)	吉井川	防災砂防課
208	周匝	岡山県赤磐市周匝	周匝橋付近	吉井川	岡山河川事務所
209	和気	和気郡和気町和気	東備地域事務所	吉井川(金剛川)	河川課
210	津山	津山市山下	美作県民局	吉井川	河川課
211	大ヶ山	津山市加茂町倉見	黒木ダム大ヶ山観測所	吉井川(倉見川)	耕地課
212	岩淵	津山市加茂町倉見	黒木ダム岩淵観測所	吉井川(倉見川)	耕地課
213	倉見	津山市加茂町倉見	黒木ダム倉見観測所	吉井川(倉見川)	耕地課
214	黒木ダム	津山市加茂町黒木	黒木ダム管理事務所	吉井川(倉見川)	耕地課
215	加茂	津山市加茂町桑原	加茂観測所	吉井川(加茂川)	河川課
216	津川ダム	津山市加茂町下津川	津川ダム管理事務所	吉井川(津川川)	津川ダム
217	勝北	津山市新野東	津山市勝北支所	吉井川(広戸川)	河川課
218	久米	津山市中北下	津山市久米支所	吉井川(久米川)	河川課
219	奥津	苫田郡鏡野町奥津	奥津観測所	吉井川	河川課
220	石越	苫田郡鏡野町上齋原石越	石越観測所	吉井川	河川課
221	大郷	苫田郡鏡野町上森原	大郷観測所	吉井川(上森川)	河川課
222	金堀	久米郡美咲町金堀	金堀観測所	吉井川(金堀川)	河川課
223	右手	美作市右手	右手観測所	吉井川(梶並川)	耕地課
224	久賀ダム	美作市久賀	久賀ダム管理事務所	吉井川(梶並川)	耕地課
225	大原	美作市古町	美作市大原総合支所	吉井川(吉野川)	河川課
226	壬生	美作市壬生	大原浄化センター	吉井川(吉野川)	防災砂防課
227	東粟倉	美作市太田	美作市東粟倉総合支所	吉井川(後山川)	防災砂防課
228	江見	美作市江見	美作市作東総合支所	吉井川(吉井川)	河川課
229	田殿	美作市田殿	田殿クリーンハウス	吉井川(梶並川)	防災砂防課
230	美作	美作市入田	勝英地域事務所	吉井川(吉野川)	河川課
231	坂根	英田郡西粟倉村坂根	坂根観測所	吉井川(吉野川)	河川課
232	美咲	久米郡美咲町原田	美咲町役場	吉井川(皿川)	防災砂防課
233	柵原	久米郡美咲町書副	柵原図書館	吉井川	防災砂防課
234	英田	美作市中川	英田診療所	吉井川	防災砂防課

表3.3　岡山県水防テレメータシステムの雨量観測所（高梁川流域）

番号	観測所名	位置	設置場所	水系	所属
301	玉島	倉敷市玉島	倉敷市水道局白銀山配水池	高梁川	防災砂防課
302	真備	倉敷市真備町箭田	倉敷市真備支所	高梁川	防災砂防課
303	総社	総社市中央	総社市役所	高梁川	河川課
304	豪渓	総社市見延	総社中央公民館池田分館	高梁川(槇谷川)	河川課
305	久代	総社市久代	総社市消防署西出張所	高梁川(新本川)	防災砂防課
306	美袋	総社市美袋	総社市立昭和中学校	高梁川	防災砂防課
307	尾坂	笠岡市関戸	尾坂加圧ポンプ場構内	高梁川(尾坂川)	防災砂防課
308	井原	井原市西江原	井原水防倉庫	高梁川(小田川)	河川課
309	美星	井原市美星町三山	井原市美星支所	高梁川	防災砂防課
310	下鴫	井原市芳井町下鴫	共和小学校	高梁川(鴫川)	河川課
311	芳井	井原市芳井町吉井	井原市芳井支所	高梁川(宇戸川)	河川課
312	矢掛	小田郡矢掛町矢掛	矢掛町役場	高梁川(小田川)	河川課
313	方谷	新見市高倉町飯部	方谷観測所	高梁川	河川課
314	楢井ダム	高梁市松山	楢井ダム管理事務所	高梁川(右の谷川)	楢井ダム
315	高梁	高梁市落合町近似	高梁地域事務所	高梁川	河川課
316	川面	高梁市川面町	川面町コミュニティハウス	高梁川	防災砂防課
317	有漢	高梁市有漢町有漢	高梁市有漢地域局	高梁川(有漢川)	河川課
318	成羽	高梁市成羽町下原	成羽観測所	高梁川(成羽川)	防災砂防課
319	川上	高梁市川上町地頭	高梁市川上地域局	高梁川(領家川)	河川課
320	備中	高梁市備中町平井	備中観測所	高梁川(成羽川)	河川課
321	高梁備中	高梁市備中町布賀	高梁市備中地域局	高梁川(成羽川)	防災砂防課
322	相文	新見市千屋実	千屋ダム相文雨量観測所	高梁川	千屋ダム
323	千屋ダム	新見市菅生	千屋ダム管理事務所	高梁川	千屋ダム
324	新見	新見市高尾	新見地域事務所	高梁川	河川課
325	河本ダム	新見市金谷	河本ダム管理事務所	高梁川(西川)	河本ダム
326	長屋	新見市長屋	長屋観測所	高梁川	河川課
327	大佐	新見市大佐小阪部	新見市大佐支局	高梁川(小坂部川)	河川課
328	高瀬川ダム	新見市神郷釜村	高瀬川ダム管理事務所	高梁川(高瀬川)	高瀬川ダム
329	梅田	新見市神郷高瀬	高瀬川ダム梅田観測所	高梁川(高瀬川)	高瀬川ダム
330	矢神	新見市哲西町上神代	河本ダム矢神観測所	高梁川(神代川)	河本ダム
331	三室川ダム	新見市神郷油野	三室川ダム管理事務所	高梁川(三室川)	三室川ダム
332	蚊家	新見市哲多町蚊家	蚊家観測所	高梁川(本郷川)	河川課
333	足立	新見市足立	河本ダム足立観測所	高梁川(西川)	高瀬川ダム

表3.4　岡山県水防テレメータシステムの雨量観測所（その他）

番号	観測所名	位置	設置場所	水系	所属
401	日生	備前市日生町日生	備前市日生町総合支所	吉井川	防災砂防課
402	南山	岡山市北区菅野	笹ヶ瀬川調整池	笹ヶ瀬川	河川課
403	足守	岡山市北区足守	岡山市北区役所足守地域センター	笹ヶ瀬川(足守川)	河川課
404	庭瀬	岡山市北区庭瀬	庭瀬観測所	笹ヶ瀬川(足守川)	河川課
405	片岡	岡山市南区片岡	岡山市南区役所	倉敷川	河川課
406	玉野	玉野市宇野	宇野港管理事務所	海岸	河川課
407	備前	備前市東片上	備前市役所庁舎屋上	馬場川	防災砂防課
408	山田原	備前市木谷	山田原観測所	伊里川	河川課
409	倉敷	倉敷市羽島	備中県民局	倉敷川	河川課
410	水島	倉敷市水島福崎	水島港湾事務所	海岸	河川課
411	児島	倉敷市児島小川	児島消防署	海岸	河川課
412	笠岡	笠岡市六番町	井笠地域事務所	海岸	河川課
413	北木島	笠岡市北木島町	笠岡諸島開発総合センター	その他	防災砂防課
414	金光	浅口市金光町占見新田	浅口市金光総合支所	里見川	河川課
415	寄島	浅口市寄島町	浅口市寄島総合支所	海岸	河川課
416	牛窓	瀬戸内市牛窓	牛窓ヨットハーバー	その他	防災砂防課

図3.2　1995年当時の雨量観測所の分布図

図3.3 2014年現在の雨量観測所の分布図

2 データの取り扱いについて

岡山県水防テレメータシステムでは、1時間ごとの雨量データが整理されています。欠測は、「アスタリスク（＊）」「ハイフン（－）」等で入力処理されています。毎日、毎時刻観測しているので、やむを得ない理由やまれに発生する観測ミスもあります。例えば、定期的に機器のチェックをしなければなりません。電気機器には耐用年数がありますので、期限が来れば機器を交換します。また、点検を行い、好適な観測環境を維持する必要もあります。さらに、雷などのトラブルや無線通信ですから通信不良もあります。1年間３６５日（うるう年を除く）、24時間なので、８７６０個（1年間の時間数）のデータがすべてそろうのは、現実的に困難だと思います。

ちなみに、今回用いた雨量観測所の欠測値の割合は、全体で３％弱となっています。定期点検等の欠測を考慮するとこの数値から非常に安定的にデータが蓄積されていることがわかります。気象庁の気象観測統計の解説における統計情報及び品質管理情報の分類では、「準正常」に分類されます（ちなみに正常は１００％の観測のみ）。したがって、この資料は、過去の雨量の傾向を見るうえで非常に効果的な資料です。

本書は、次章より様々な降雨統計量を示しますが、これらの欠測値のある時間については、すべて０㎜と置き換えてデータを作成しました。欠測値の割合が非常に少ないこと、降雨がある時刻の欠測の割合は降雨のない場合に比べて非常に小さいことから、ほとんど影響はありません。また、逆に数百㎜という記録もあります。このケースも通信不良などの問題によるものですが、人為的に取り除かなければなりません。本書では、時間雨量50㎜を超過した降雨データについては、同時刻における周辺雨量観測所の雨量分布、前後の欠測状況等を確認して、その雨量極値の正確さについて1件ずつ確認し、場合によっては修正を加えました。例えば、第1章で我が国の最大時間雨量は１８７㎜と紹介しました。約５００㎜のデータが記載されていた時は、前後および周辺観測所の雨量データを確認し、０㎜に修正したことがあります。

3　データ収集期間

今回用いた雨量データは雨量観測所が降雨データを蓄積した時刻から２０１４年12月31日までの1時間雨量データです。雨量計が設置された時期が異なるため、雨量観測所ごとに検討データ数が異なります。最も古い雨量観測所は１９９５年6月1日10時からです。今回用いたデータの収集開始日時の詳細は、表３・５、表３・６に整理しました。

表3.5　雨量観測所ごとのデータ蓄積開始時刻（旭川、吉井川）

番号	観測所名	年	月	日	時間	番号	観測所名	年	月	日	時間
101	県庁	1995	8	2	10	201	西大寺	1995	6	1	10
102	岡山	1995	6	1	10	202	二日市	2003	1	1	10
103	金川	1995	6	1	10	203	千町	1995	6	1	10
104	金山	2006	1	1	12	204	長船	2002	9	1	10
105	旭川ダム	1995	6	1	10	205	八塔寺川ダム	1995	6	1	10
106	建部	1995	6	1	10	206	加賀美	1995	6	1	10
107	下加茂	2001	9	19	10	207	岡	2003	1	1	10
108	鳴滝ダム	1995	6	1	10	208	周匝	1995	6	1	10
109	賀陽	1995	6	1	10	209	和気	1995	6	1	10
110	竹谷ダム	2003	1	1	10	210	津山	1995	6	1	10
111	河平ダム	2005	1	1	10	211	大ヶ山	2002	9	1	10
112	西軽部	1995	6	1	10	212	岩淵	1995	6	1	10
113	富	1995	6	1	10	213	倉見	1995	6	1	10
114	久米南	2006	4	14	10	214	黒木ダム	1995	6	1	10
115	大垪和	2006	4	11	11	215	加茂	1995	6	1	10
116	上長田	1995	6	1	10	216	津川ダム	1995	6	1	10
117	奥田	1995	6	1	10	217	勝北	1995	6	1	10
118	湯原ダム	1995	6	1	10	218	久米	1995	6	1	10
119	湯原	1995	6	1	10	219	奥津	1995	6	1	10
120	月田	1995	6	1	10	220	石越	1995	6	1	10
121	真庭	2001	9	1	10	221	大郷	1995	6	1	10
122	勝山	1995	6	1	10	222	金堀	2002	9	1	10
123	落合	1995	6	1	10	223	右手	1995	6	1	10
124	樫東	2005	1	1	10	224	久賀ダム	1995	6	1	10
125	北房	1995	6	1	10	225	大原	1995	6	1	10
126	別所	2005	1	1	10	226	壬生	2004	3	18	10
127	新庄	1995	6	1	10	227	東粟倉	2004	3	18	10
128	仁堀	2009	2	19	11	228	江見	1995	6	1	10
129	尾原	2010	2	9	16	229	田殿	2004	3	18	10
						230	美作	1995	6	1	10
						231	坂根	1995	6	1	10
						232	美咲	2008	2	1	1
						233	柵原	2010	2	9	16
						234	英田	2010	2	9	16

表3.6　雨量観測所ごとのデータ蓄積開始時刻（高梁川、その他）

番号	観測所名	年	月	日	時間	番号	観測所名	年	月	日	時間
301	玉島	2006	1	1	13	401	日生	2006	1	1	13
302	真備	2006	1	1	13	402	南山	1995	6	1	10
303	総社	1995	6	1	10	403	足守	1995	6	1	10
304	豪渓	1995	6	1	10	404	庭瀬	1995	6	1	10
305	久代	2004	1	1	10	405	片岡	1995	6	1	10
306	美袋	2006	1	1	13	406	玉野	1995	6	1	10
307	尾坂	2002	9	1	10	407	備前	2007	1	1	10
308	井原	1995	6	1	10	408	山田原	1995	6	1	10
309	美星	2003	3	18	15	409	倉敷	1995	6	1	10
310	下鴫	1995	6	1	10	410	水島	1995	6	1	10
311	芳井	1995	6	1	10	411	児島	1995	6	1	10
312	矢掛	1995	6	1	10	412	笠岡	1995	6	1	10
313	方谷	1995	6	1	10	413	北木島	2002	9	1	10
314	楢井ダム	1995	11	14	10	414	金光	1995	6	1	10
315	高梁	1995	6	1	10	415	寄島	1995	6	1	10
316	川面	2002	9	1	10	416	牛窓	2009	2	19	11
317	有漢	1995	6	1	10						
318	成羽	2002	9	1	10						
319	川上	1995	6	1	10						
320	備中	1995	6	1	10						
321	高梁備中	2007	1	1	10						
322	相文	1997	6	5	10						
323	千屋ダム	1997	6	2	10						
324	新見	1995	6	1	10						
325	河本ダム	1995	6	1	10						
326	長屋	1995	6	6	10						
327	大佐	1995	6	1	10						
328	高瀬川ダム	1995	6	1	10						
329	梅田	1995	6	1	10						
330	矢神	1995	6	1	10						
331	三室川ダム	2005	1	1	10						
332	蚊家	1995	6	1	10						
333	足立	2008	2	1	1						

4　各降雨指標の意味と算定方法

以下に本書で計算した雨量指標について算定方法を示しました。

4・1　時間雨量

雨量データは観測所ごとに1時間雨量データとして蓄積されています。正確には、毎正時を起点にした雨量を正時時間雨量または正時1時間雨量といいますが、本書では時間雨量とは、正時時間雨量のことを言います（図3・4）。最近は10分間雨量が計測されていることから10分単位で時間雨量を計算することができます。例えば、「1時20分から2時20分までの1時間で100㎜の大雨が降りました」というニュースを聞かれたことがあると思います。正時時間雨量よりも細かく区切っているため、集中豪雨の最も

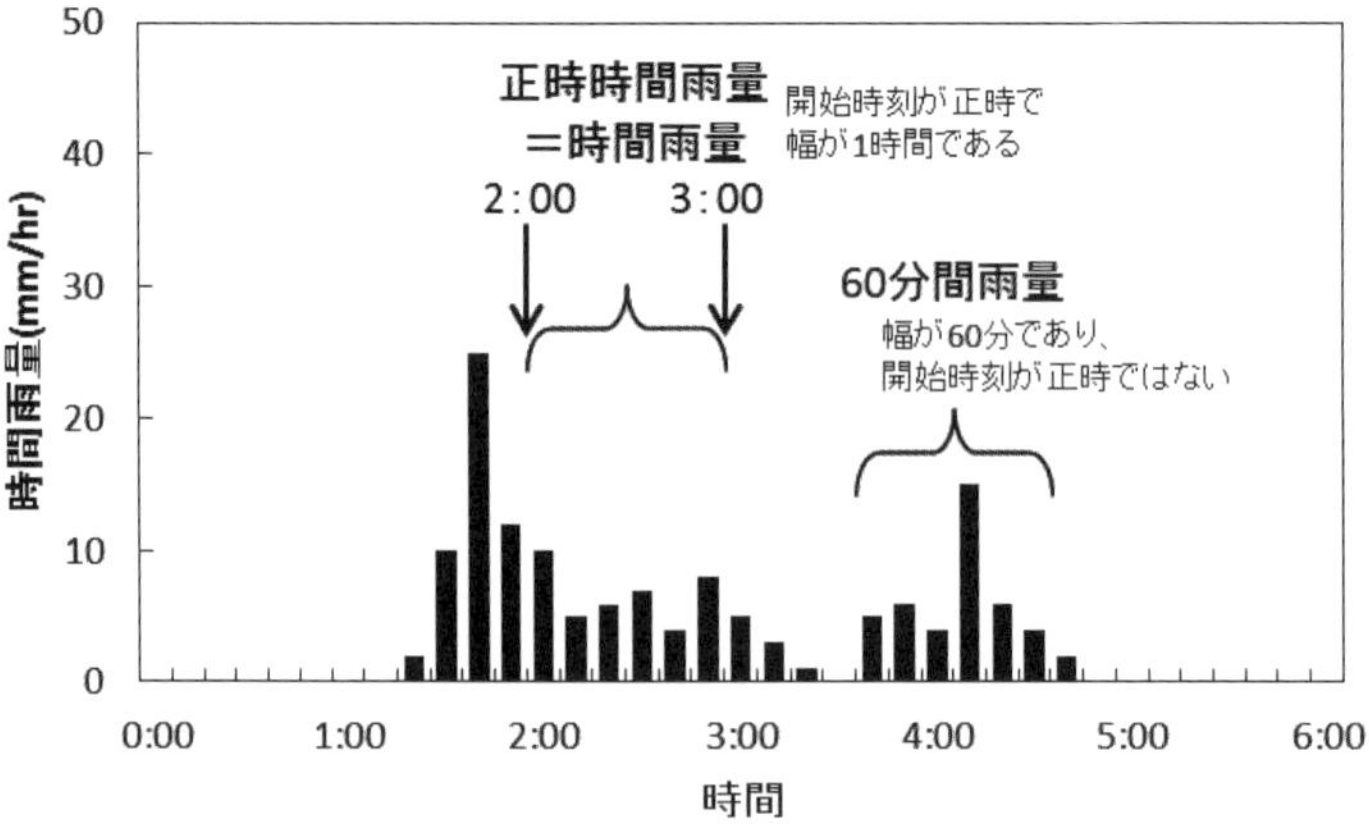

図3.4　時間雨量の定義

雨量の多い60分間を抽出することができます。60分間雨量ともいいます。

岡山県水防テレメータシステムで蓄積した降雨データは、1時間単位で保存されていることから、自動的に正時時間雨量となります。以下の降雨指標はこのデータに基づいて算定しました。

4・2　一連降雨

まず、ひと雨の最小単位の定義について、図3・5に示します。本書では、降雨の前後に24時間以上の無降雨期間を有するひとまとまりの降雨を指し、以降「一連降雨」と記します。一連降雨の降り始め時刻から1週間〜2週間前程度までの降雨を「前期降雨」といいます。前期降雨は一連降雨の降り始めから起算して24時間前までを1日前降雨、24時間前から48時間前ま

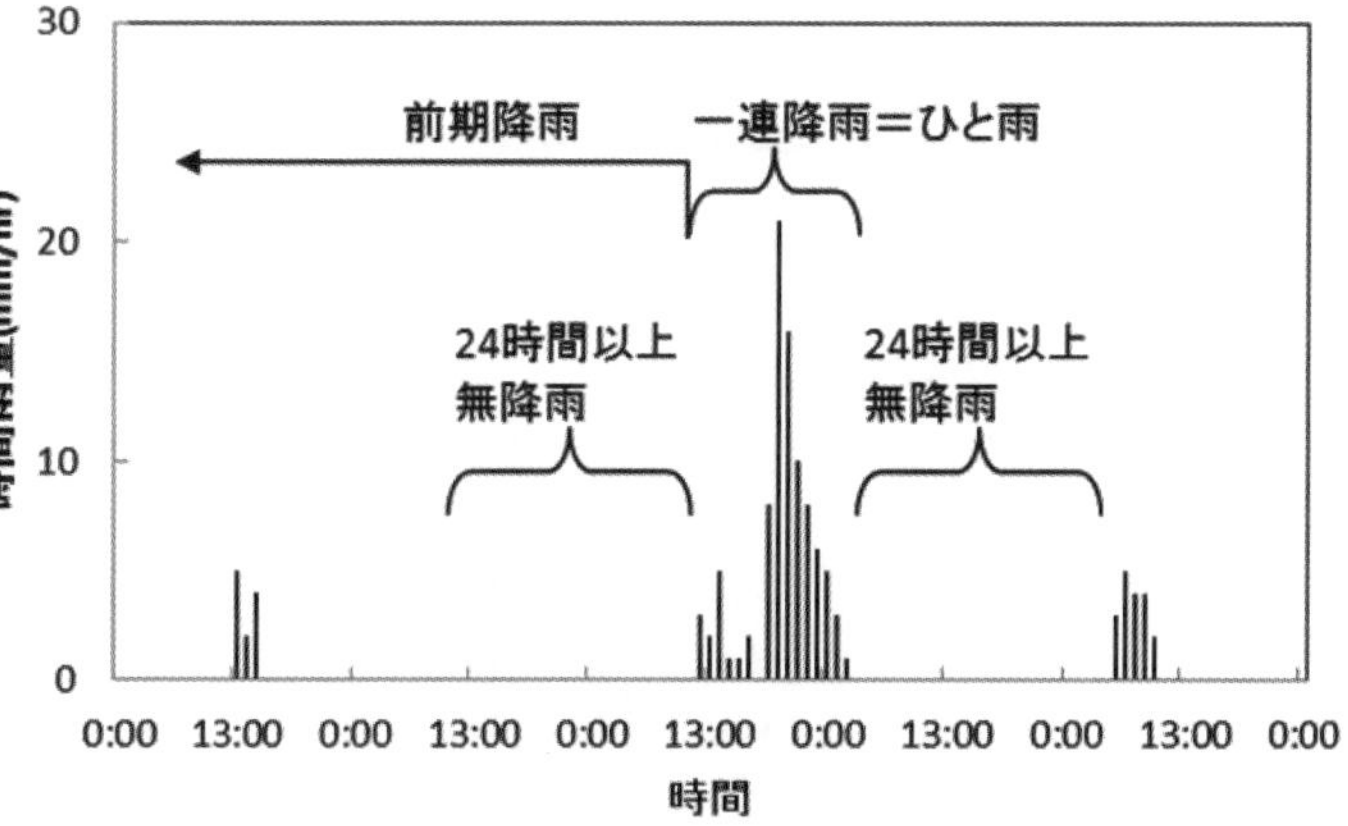

図3.5　一連降雨の定義

でを2日前降雨、以下同様に降雨を定めます。ただし、一連降雨の定義から1日前降雨は常に0㎜となります。

図3・5で説明した規則は土砂災害警戒情報（土砂災害警戒避難基準雨量）の基準設定時に用いられる砂防分野の考え方です。この一連降雨の終わりの定義は、分野によって異なります。例えば、道路の事前通行規制基準で採用されている一連降雨は、2㎜以下の降雨期間が3時間以上続いたときを一連降雨の終了時刻としている場合が多いです。雨が降っていないにもかかわらず、1日も道路を通行止めにされるのは、人の移動、物流を止めてしまう道路では現実的でないことから、大変短くなっています。

なお、岡山県のHPにある防災ポータル（水防テレメータシステム）の雨量データで表示される累積雨量（本書で言う一連降雨）は降り終

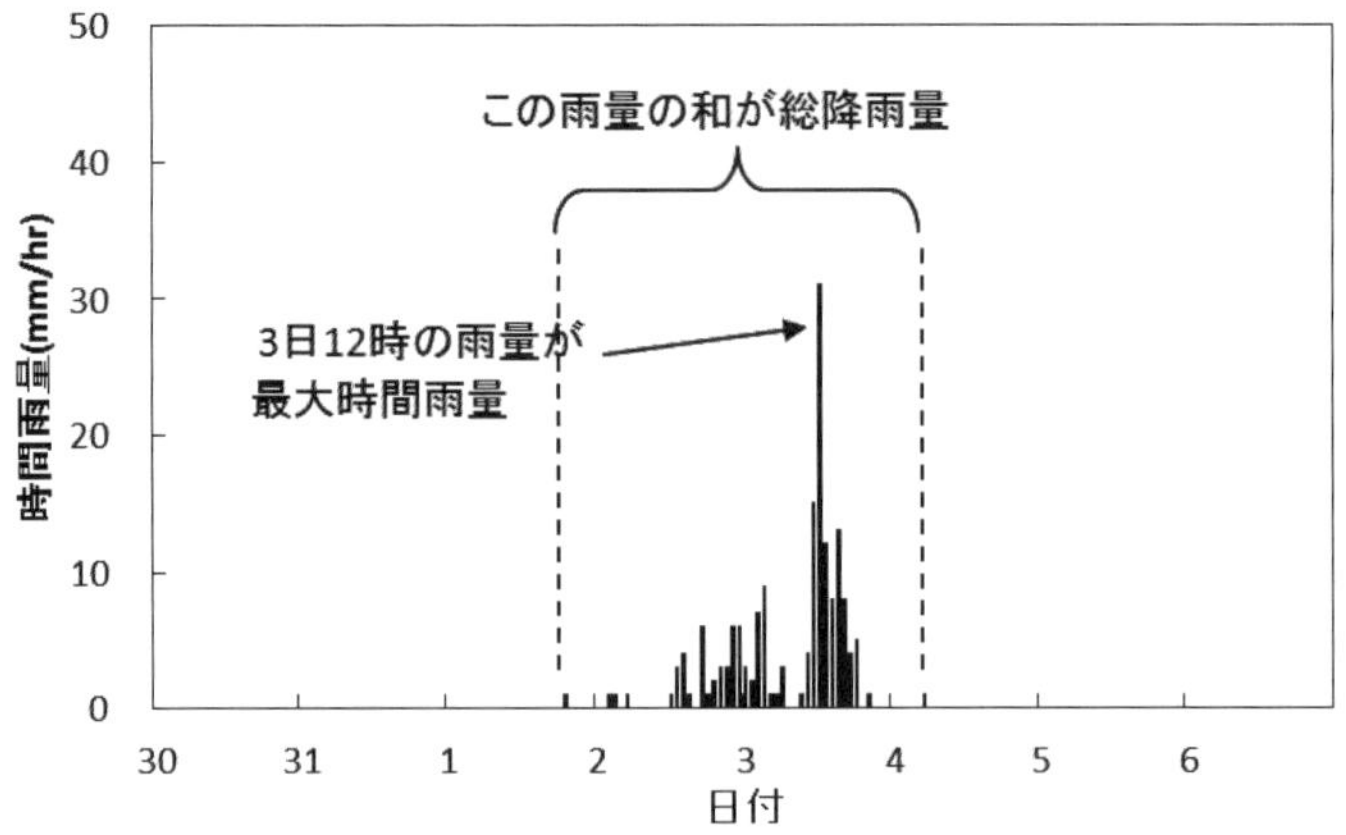

図3.6　総雨量と最大時間雨量の定義（8月30日～9月6日まで）

わりの時刻を、7時間無降雨期間を記録した時と定義しています。

4・3　総降雨量（累積雨量）

一連降雨の降り始めの雨量から降り終わりまでの時間雨量を積算した値です（図3・6）。一連降雨の中だけで計算されます。総和であるので、一連降雨の終了時点がその一連降雨の総降雨量を示しています。

4・4　最大時間雨量

一連降雨内の1時間雨量値の最大値を最大時間雨量と定義しました（図3・6）。したがって、最大時間雨量は一連降雨の数だけあることになります。岡山県水防テレメータシステムで蓄積されている降雨データは毎正時のデータであり、最大時間雨量も毎正時のデータで示します。ただ、リアルタイムでＨＰを閲覧するときは、10分おきの雨量が公開されています。第2章でご紹介した岡山県美咲町の災害は、このリアルタイムのデータを用いて検討しました。

4・5　土壌雨量指数値

一般の方への説明が最も難しい数値を説明いたします。全く理解できないという方は、総降雨量と同じような数値であると理解して頂いても構いません。現在の気象予報で非常に重要な地位を占めているので、この指標の説明を外せません。できるだけ平易に説明いたしますが、ちょっと難解になるのはご容赦ください。

　土壌雨量指数値は、土壌中の水分量を表す指標です。直列３段タンクモデルによって計算されます。がけ崩れの発生は降雨が土中に浸透して、土の抵抗力を減少させることが主原因と考え、土中の水分量をタンクモデルで表すことを考案しました。タンクモデルとは、図３・７に示すような穴のあいたタンクをモデル化したものです。最上段のタンクに水を入れて、タンクに残った水の量を、土壌中の水分量、土壌雨量指数値（Ｑｔ）として用います。計算は図３・７の右に示した数式を用いて行います。最上段のタンクに時間雨量の数値を加えた時、タンク内のＱｔの値を求めます。本書ではこの指数の計算を１

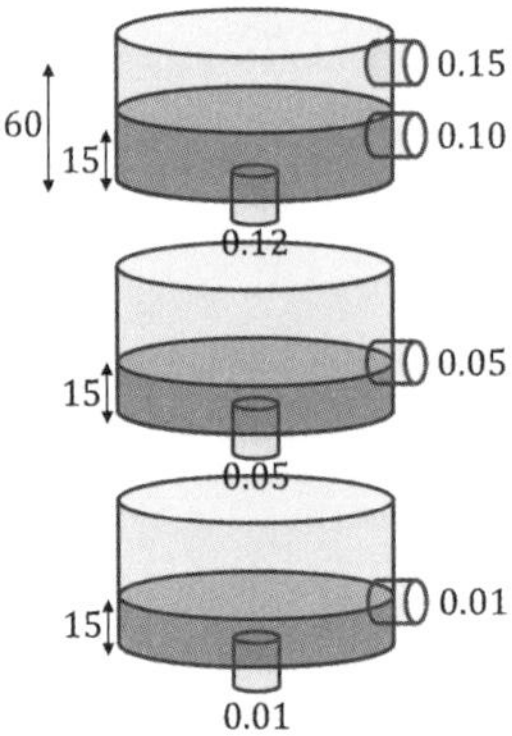

$$S_1(t+\Delta t) = (1-0.12)S_1(t) - q_1(t) + R(t;\Delta t)$$
$$S_2(t+\Delta t) = (1-0.05)S_2(t) - q_2(t) + \beta_1 S_1(t)$$
$$S_3(t+\Delta t) = (1-0.01)S_3(t) - q_3(t) + \beta_2 S_2(t)$$

$$q_1(t) = 0.10\{S_1(t)-15\} + 0.15\{S_1(t)-60\}$$
$$q_2(t) = 0.05\{S_2(t)-15\}$$
$$q_3(t) = 0.01\{S_3(t)-15\}$$

$$Q(t) = q_1(t) + q_2(t) + q_3(t)$$

S_1, S_2, S_3：1段目、2段目、3段目の貯留量

q_1, q_2, q_3：1段目、2段目、3段目の流出量

$R(t;\Delta t)$：時刻tから$t+\Delta t$の間の降雨量

図3.7　直列３段のタンクモデルと土壌雨量指数値の算出式

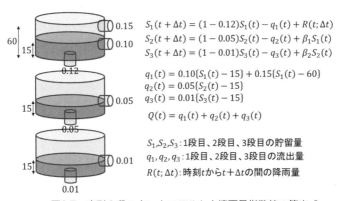

時間ごとに実施し、土壌雨量指数値の変化を分析しました。この指数値は一連降雨のようなひと雨という単位はありません。

この数値の特徴は、降雨後晴天時にもタンクの中に水が残っていることです。図3・8は、土壌雨量指数値の変化を折れ線グラフで示しました。土壌雨量指数値は、降雨があったとき（時間雨量の棒グラフがあるとき）に上昇し、降雨がない時は緩やかに減少します。前期降雨で相当量の降雨があった場合、地盤の緩みを表現することができます。「先の降雨で地盤が緩んでおりますので、これからの降雨には十分に注意してください」というフレーズはこの数値を根拠に説明することができるのです。ちなみに、図3・8中の実効雨量は土壌雨量指数値の3段タンクモデルを1段とした簡易なモデルです。

このタンクモデルの特性を用いて土壌中の水

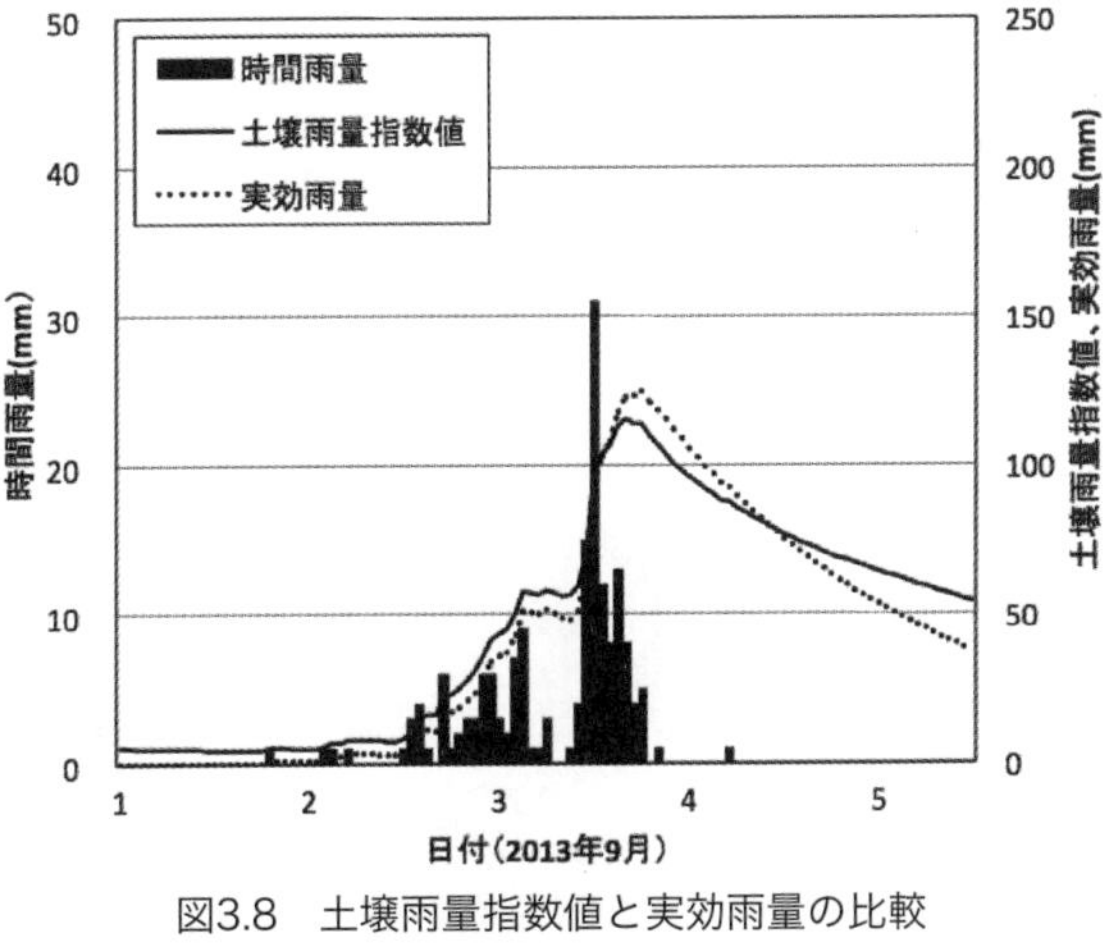

図3.8　土壌雨量指数値と実効雨量の比較

分量を予測するモデルとして、気象庁は実用化のために工夫改善を加えて土壌雨量指数値と定義し、大雨警報等の気象予報の発表基準として用いることとし、現在に至っています。

4・6　年間降雨量

1年間の時間雨量を総和したものです。1月1日の1時から翌年の1月1日の0時までの1時間雨量を加算します。よって、8760時間（365（日）×24（時間））分の積算値です。雨量観測所の開始日時が年の中間であれば、初年度は計算しません。翌年から算定します。例えば、玉野雨量観測所では、1995年6月1日から蓄積されていますので、年間降雨量は1996年から計算しました（図3・9）。

4・7　移動平均年間降雨量

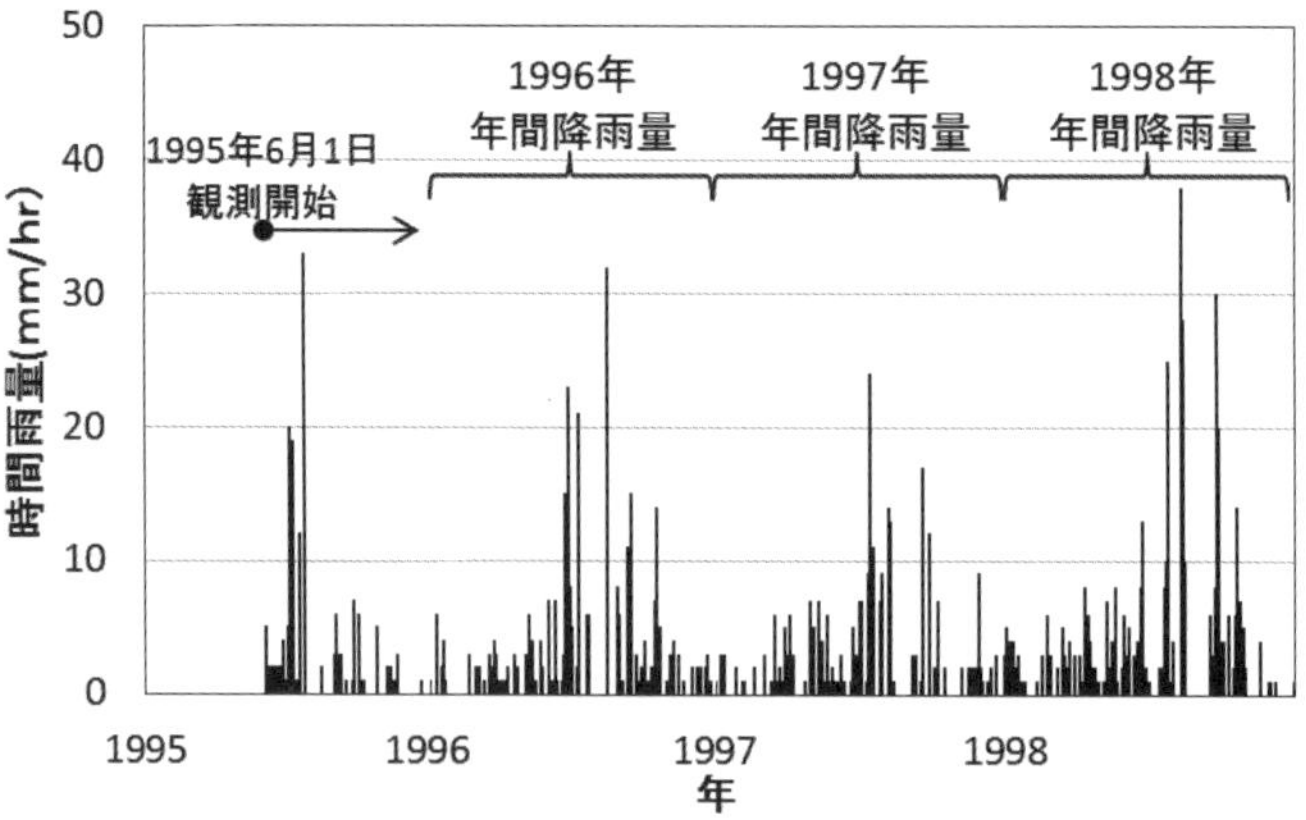

図3.9 年間降雨量の算定（玉野雨量観測所）

降雨量が多い年と少ない年があります。年間降雨量等の時系列的な傾向を考えるうえで、年ごとの極端な特性はこの視点の考察を妨げます。そこで、連続的にまとまった年の年間降水量を平均することで、1年ごとの極端な特性をならすことができます。このように長期的な傾向を見るうえで数年間の平均値をとることを移動平均と言います。そこで、今回は直前10年間の年間降雨量の平均値をとった値を移動平均年間降雨量と定義しました。

図3・10に玉野雨量観測所の移動平均雨量の計算事例を挙げました。棒グラフが年間降雨量で折れ線グラフが移動平均年間降雨量です。平均値なのに折れ線グラフが上方にあるのは、両方のグラフの縦軸の数値が異なっているためです。数値の間隔は同じにしております。説明の都合上グラフをずらすのが目的です。折れ線グ

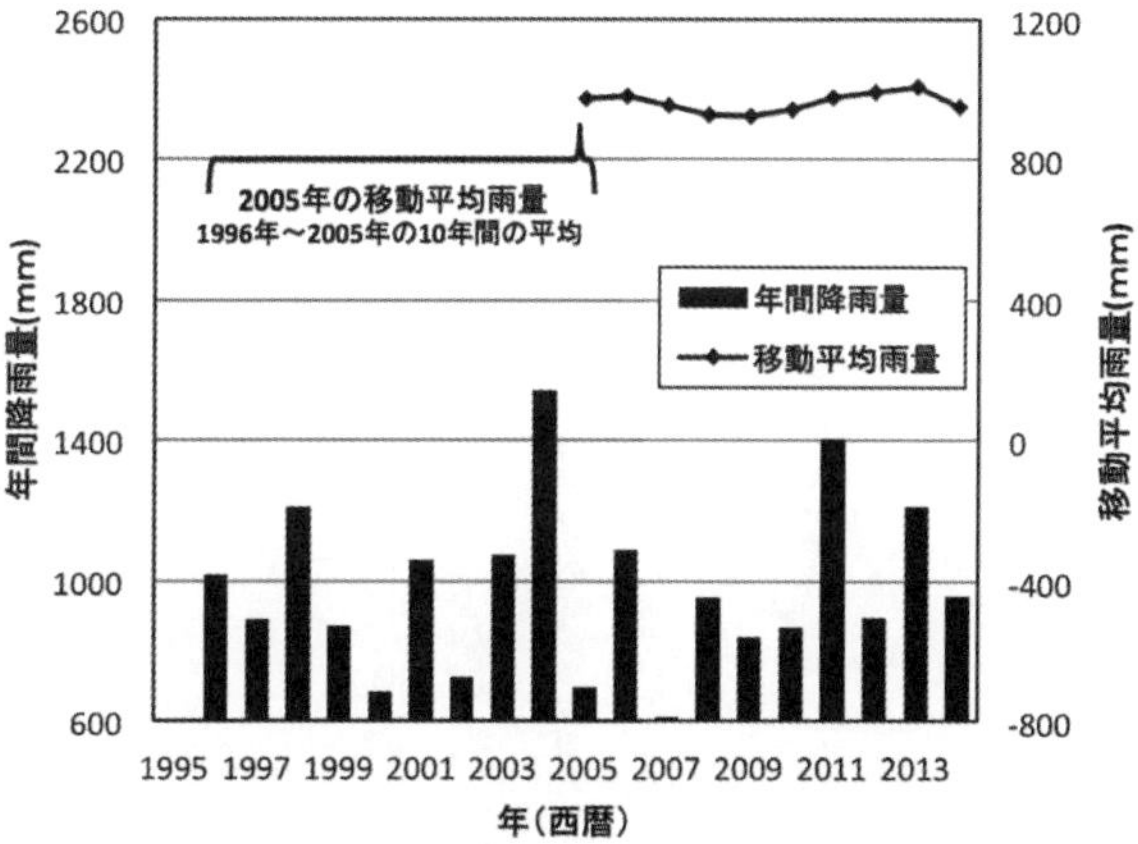

図3.10 移動平均年間降雨量の算定（玉野雨量観測所）

ラフと棒グラフを見ると、明らかに年間降水量（棒グラフ）の変動が大きいことが見て取れます。

例えば２００５年の移動平均年間降雨量は、１９９６年~２００５年までの10年間の年間降雨量の平均を計算した値となります。翌２００６年の移動平均年間降雨量は、１９９７年~２００６年までの10年間の年間降雨量の平均です。以下同様に計算しています。玉野観測所では、移動平均年間降雨量の変化があまりないことが確認できます。

本章は、岡山県水防テレメータシステムの概要とそのデータを用いて計算した降雨指標の定義について示しました。この解析条件で算定した結果、過去20年間の岡山県の降雨量について空間的、時系列的な特徴について次章に示したいと思います。これらの定義と条件の説明だったため、一般的にはつまらない章であったと思いますが、次章からの説明には必ず必要な章となるため、長々と記述いたしました。この章については、よく理解できなくても、次章以降に差し支えることはありませんので大丈夫です。それでは、岡山県において実際どのような降雨特性があるのか見ていきましょう。

4　過去20年の岡山県の降雨特性

それでは、岡山県内の112箇所の雨量計のデータに基づいて、様々な視点から岡山県の降雨量について分析していきましょう。

1　平均年間降雨量

最初に年間降雨量から見ていきましょう。空間的分布と時間的分布の2つの視点から見ていきます。空間的分布とは地域ごとの相違です。岡山県は南北およそ100km、東西およそ100kmの広い地域です。地形的にも南に瀬戸内海があり、北は中国山地となっているので、一様の地形ではありません。よって、地域ごとに降雨量の分布特性は大きく変化すると考えられます。この相違を空間的分布と呼びます。続いて時間的分布とは、この20年間で初めの期間と終わりの期間ではどのように降雨量が変化しているのかについて検討を行います。それでは、まず空間的分布について調べていきましょう。

１・１　平均年間降雨量の空間的分布

ここで用いた年間降雨量は、各観測所で欠測期間を除いて1年間通してデータがある期間のみで年間降雨量を算定し、すべての年の平均値を計算したものです。例えば１９９５年６月１日から降雨量データが蓄積されている観測所は、１９９６年～２０１４年までの年間降雨量を算定し、平均値をとりました。年間降雨量は年によって雨量の多い年や少ない年があります。よって観測所の観測開始年が異なりますので厳密な比較はできませんが、ここではその差異を考えず、単純に年間降雨量の平均値を計算しました。

まず、岡山県内の地域差を見る前に世界と全国の年間降雨量の平均値を示しましょう。気象庁によると全国の年間降雨量の平均値はおよそ１７００㎜と言われています。世界では８８０㎜が平均値であり、日本は世界の平均の倍以上の降雨量があります。

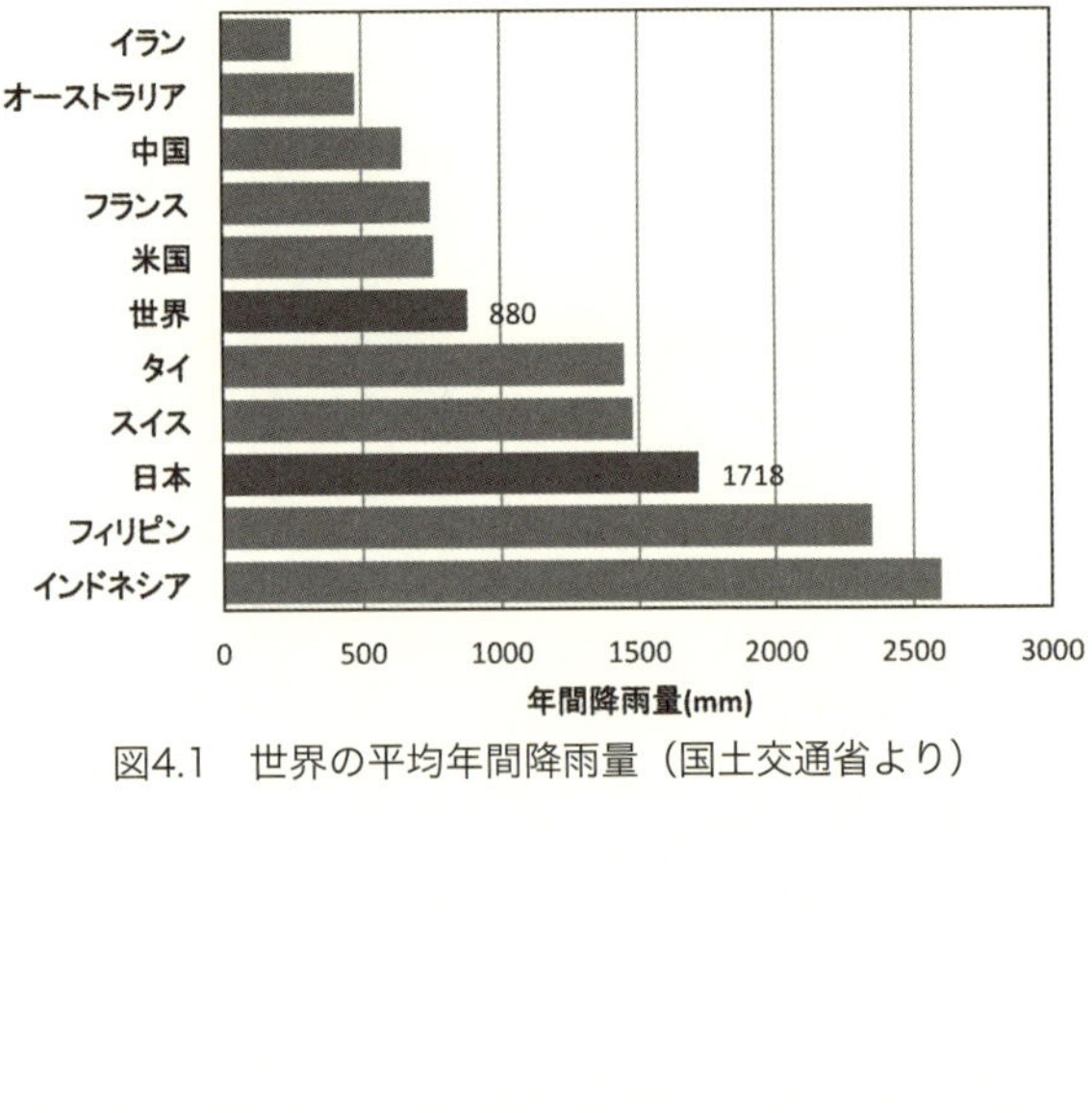

図4.1　世界の平均年間降雨量（国土交通省より）

表4.1　岡山県における平均年間降雨量

番号	観測所名	平均年間降雨量	番号	観測所名	平均年間降雨量	番号	観測所名	平均年間降雨量
101	県庁	907.6	210	津山	1344.6	314	楢井ダム	1187.5
102	岡山	1061.9	211	大ヶ山	2079.0	315	高梁	1175.2
103	金川	1169.4	212	岩淵	1962.1	316	川面	1260.8
104	金山	1113.6	213	倉見	1975.2	317	有漢	1240.6
105	旭川ダム	1284.9	214	黒木ダム	1779.5	318	成羽	1250.2
106	建部	1133.0	215	加茂	1523.5	319	川上	1184.1
107	下加茂	1163.5	216	津川ダム	1706.2	320	備中	1300.8
108	鳴滝ダム	1139.7	217	勝北	1275.6	321	高梁備中	1264.4
109	賀陽	1222.2	218	久米	1319.7	322	相文	1585.2
110	竹谷ダム	1148.5	219	奥津	1669.9	323	千屋ダム	1477.2
111	河平ダム	1190.4	220	石越	1988.7	324	新見	1429.1
112	西軽部	1043.3	221	大郷	1450.1	325	河本ダム	1421.7
113	富	1697.7	222	金堀	1114.5	326	長屋	1279.5
114	久米南	1134.1	223	右手	2031.0	327	大佐	1311.2
115	大垪和	1284.5	224	久賀ダム	1380.3	328	高瀬川ダム	1642.8
116	上長田	1724.3	225	大原	1524.7	329	梅田	1605.3
117	奥田	1825.1	226	壬生	1501.8	330	矢神	1441.1
118	湯原ダム	1910.6	227	東粟倉	1713.4	331	三室川ダム	1492.9
119	湯原	1609.2	228	江見	1189.5	332	蚊家	1213.9
120	月田	1520.7	229	田殿	1249.4	333	足立	1619.8
121	真庭	1454.4	230	美作	1206.9	401	日生	1102.8
122	勝山	1160.5	231	坂根	1875.8	402	南山	1082.4
123	落合	1312.1	232	美咲	1377.5	403	足守	1107.8
124	樫東	1272.7	233	柵原	1339.5	404	庭瀬	986.3
125	北房	1232.3	234	英田	1296.5	405	片岡	973.5
126	別所	1375.6	301	玉島	973.0	406	玉野	974.5
127	新庄	1753.5	302	真備	1122.5	407	備前	1145.7
128	仁堀	1305.0	303	総社	1051.4	408	山田原	1102.2
129	尾原	1363.0	304	豪渓	1099.9	409	倉敷	988.9
201	西大寺	1025.1	305	久代	1102.5	410	水島	995.5
202	二日市	1057.2	306	美袋	1135.6	411	児島	955.3
203	千町	901.8	307	尾坂	995.2	412	笠岡	989.2
204	長船	1110.0	308	井原	1060.4	413	北木島	1075.2
205	八塔寺川ダム	1283.4	309	美星	1163.5	414	金光	1002.6
206	加賀美	1285.1	310	下鴫	1213.7	415	寄島	935.3
207	岡	1090.5	311	芳井	1162.8	416	牛窓	1108.2
208	周匝	1101.7	312	矢掛	1100.3			
209	和気	1091.0	313	方谷	1304.6			

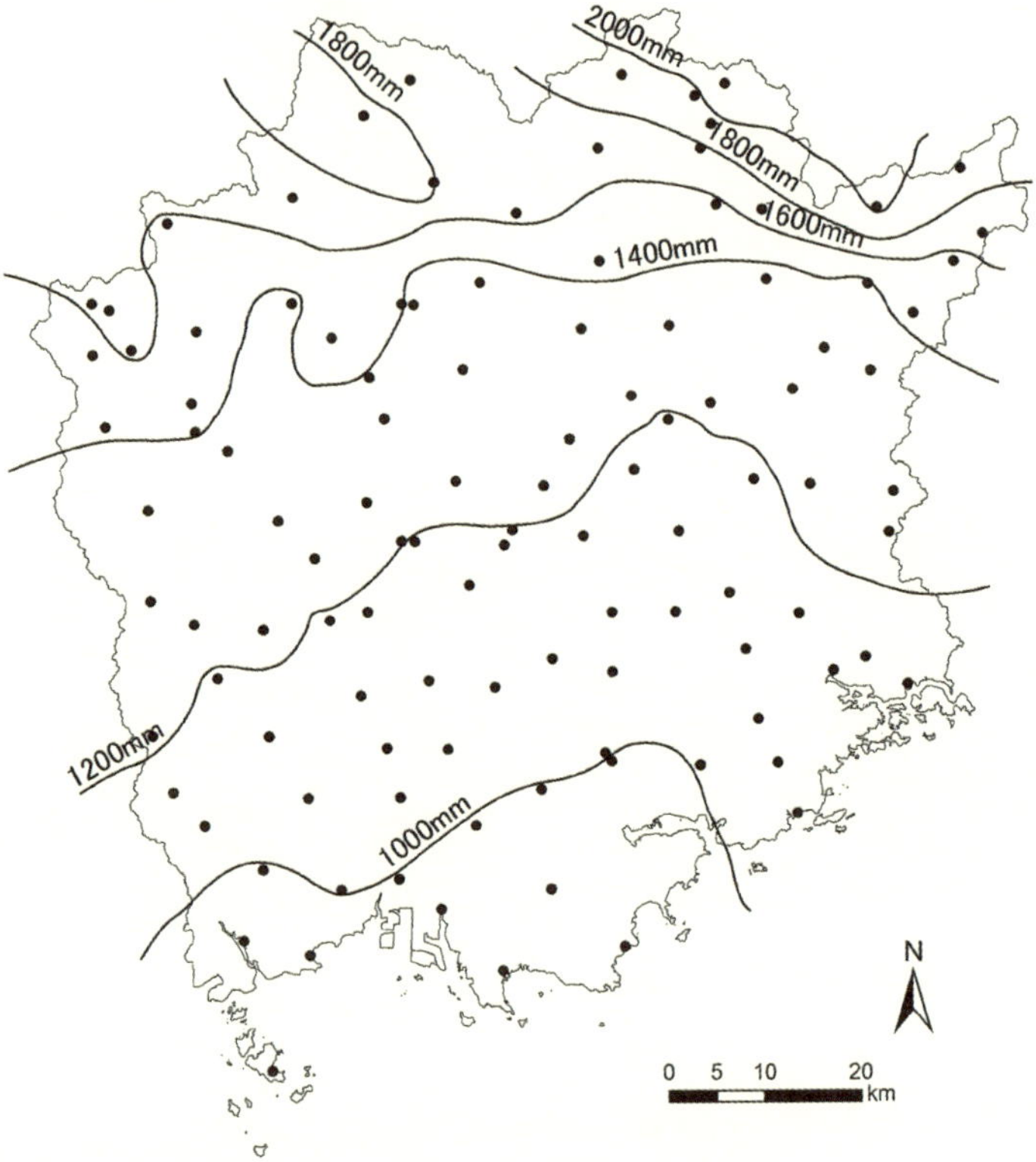

図4.2　岡山県における平均年間降雨量

表４・１に観測所ごとの平均年間降雨量の平均値を示しました。１１２箇所もあれば一覧表では特徴がつかみにくいと思いますので、おおよその等雨量線図を作成しました（図４・２）。等雨量線はクリギング法を用いて原図を書き、細かい極値は平滑化してできるだけ大きな傾向が把握できるようにしました。図４・２を確認すると、岡山県は南部地域ほど降雨量が少なく、１０００㎜未満の地域もあります。玉野市、岡山市南部、倉敷市、笠岡市などが含まれます。北に向かうにつれて、降雨量が多くなり鳥取県との県境付近では、２０００㎜を超える地域もあります。つまり、南北方向に降雨量分布が異なっており、南部は北部の半分程度の降雨量となっています。年間１０００㎜よりも小さい地域とは、全国的に見ても非常に珍しいことで、北海道東部、高山地域等しかなく、西日本では唯一の地域です。北部は中国山地ですので、冬期に雪などの降雨量が多くなるため、南部より多いイメージがあります。県北の１８０

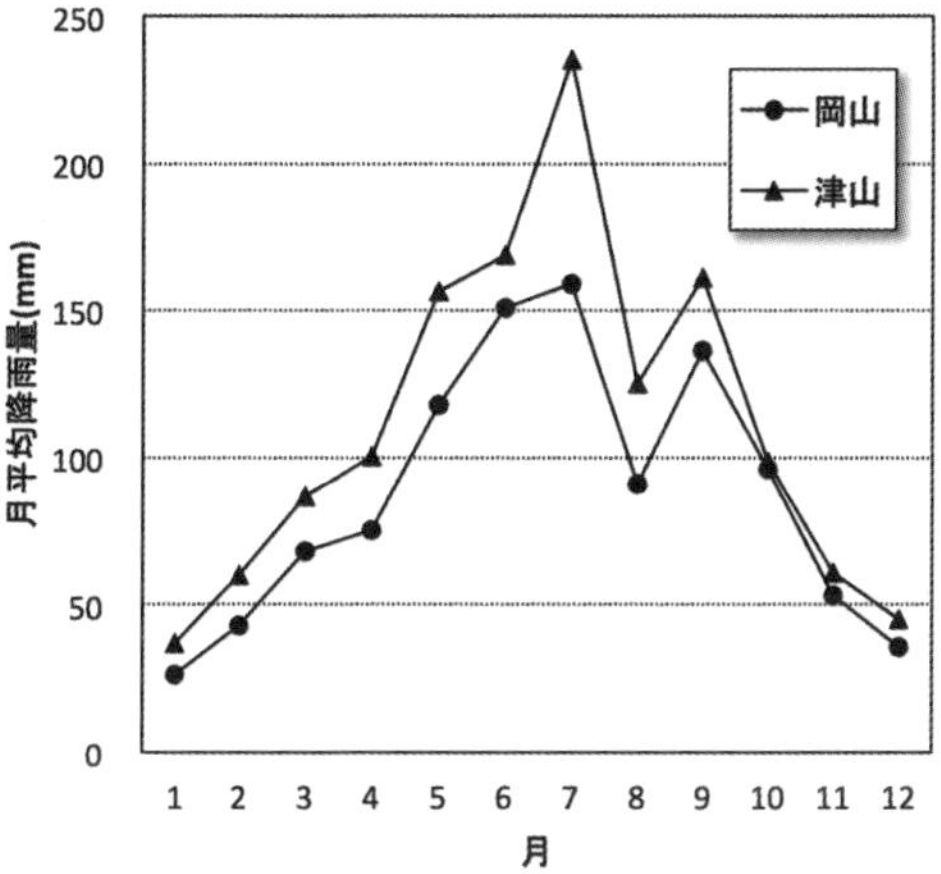

図4.3　岡山観測所と津山観測所の月平均降雨量の相違

０㎜以上の高標高地域では、その特性は見られますが、その他の地域では冬期に降雨量が集中する傾向ではありません。

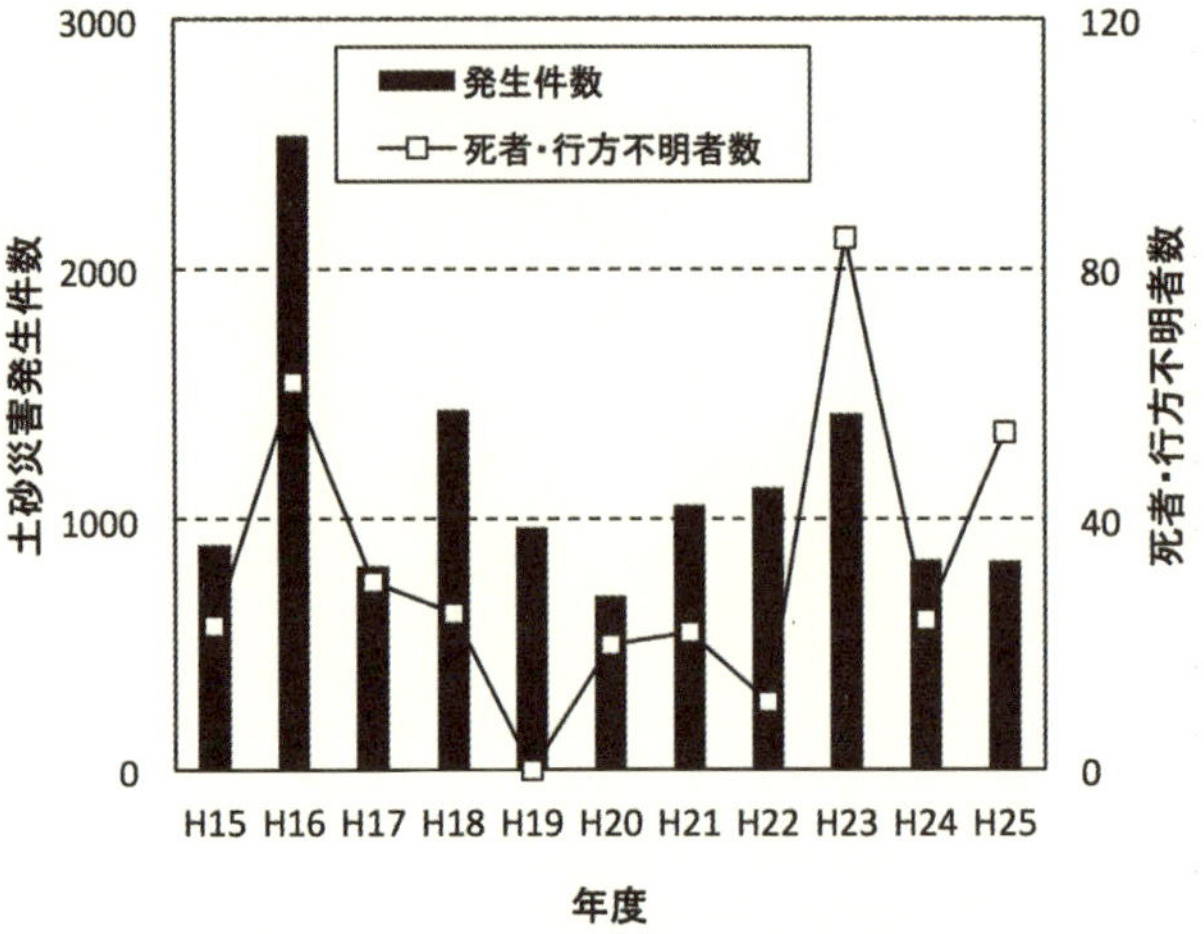

図4.4　近年の土砂災害発生件（国土交通省より）

その具体的な例として図４・３に岡山観測所と津山観測所の月平均降雨量を比較しました。このグラフで明らかなのは、12ヶ月のうちすべての月で津山観測所の降雨量が岡山観測所の降雨量を上回っていることです。冬期も夏期も津山観測所が平均１・３倍ほど岡山観測所より多くなっています。秋期に極めて接近する他は、一様にこの倍率を維持しています。季節に関わらず北部が南部よりも図４・２の等雨量線図と同様の傾向で降雨量が増加していると考えてよいでしょう。

岡山県の東西の違いは南北ほど明確ではありません。しかし、図４・２の等雨量線を見ると、若干西側のほうが少ない傾向が見えないでしょうか。１０００㎜よりも小さい地域が県南地域に分布していると述べましたが、笠岡市と備前市を比較すると大きな差がでます。備前市の年間降雨量は１０００㎜を超えています。北部でも同様の傾向があり、新見市と津山市では、東部にある津山市の降雨量が多くなっています。鏡野町の人形峠、奈義町の黒尾峠付近が岡山県で最も多雨地域であり、２０００㎜を超えている県内唯一の地域です。

ちなみに、この20年間で最も平均年間降雨量が多かった年は、２００４年（平成16年）です。この年は、台風が10個日本に上陸した大変な年でした。全国の土砂災害の発生件数もこの10年で最も多かった年です（図４・４）。この年の台風16号は、玉野市築港で高潮が生じ、宇野港および玉野市役所が浸水被害を受けました。台風23号の上陸時には、玉野市宇野で土砂災害が発生し、甚大な被害がでました。雨の少ない玉野観測所もこの年は、１５００㎜を超過しました。

この平成16年の雨量の空間分布を見てみましょう（図４・５）。１０００㎜以下の観測所は１つもなく、２０００㎜以上の観測所は、14箇所もありました。最大は大ヶ山観測所の２７５３㎜でした。図４・５の等雨量線の傾向は図４・２に類似しており、降雨量は多くなったものの降雨量の空間分布については、変化がなかったと言えるでしょう。

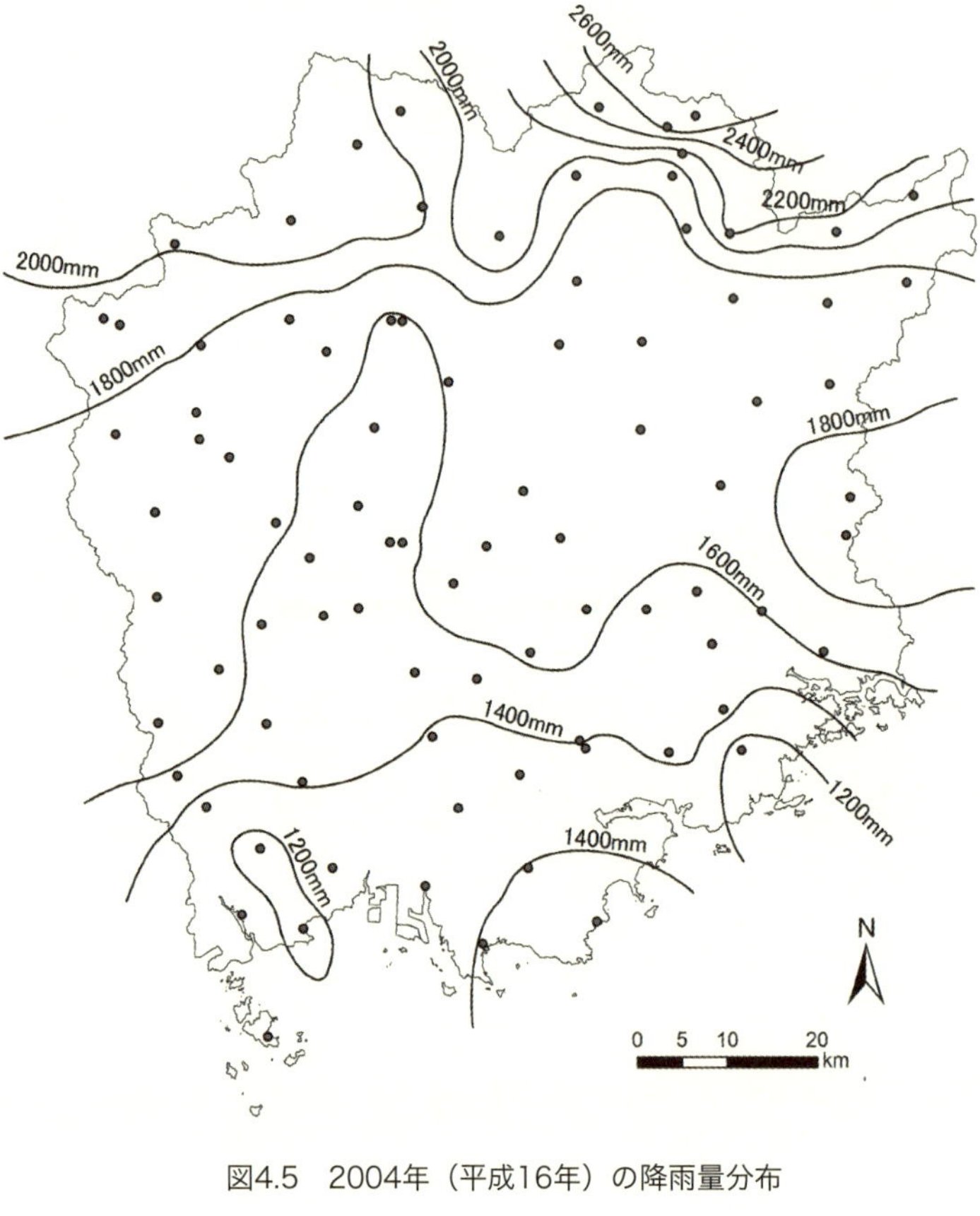

図4.5　2004年（平成16年）の降雨量分布

１・２　平均年間降雨量の時間的分布

続いて時間的な変動に視点を移しましょう。ここで、結果を見る前に、１つ質問します。「最近雨が多くなっているなぁ」と思っていますか。それとも昔とあまり変わっていないと思っていますか。年間降雨量に変化があると感じていますか？　ちょっと考えてから進みましょう。

移動平均年間降雨量（前10年間の平均年間降雨量：第3章4・7節参照）を各観測所で計算しました。１９９５年から観測されている雨量観測所において２００５年と２０１４年の移動平均年間降雨量を比較した結果を図４・６に示します。横軸に２００５年、縦軸に２０１４年の移動平均年間降雨量をプロットしています。y＝xを示す点線上にプロットされていれば、２００５年と２０１４年の降雨量はほぼ同じ、点線よりも上にプロットされていれば、２０

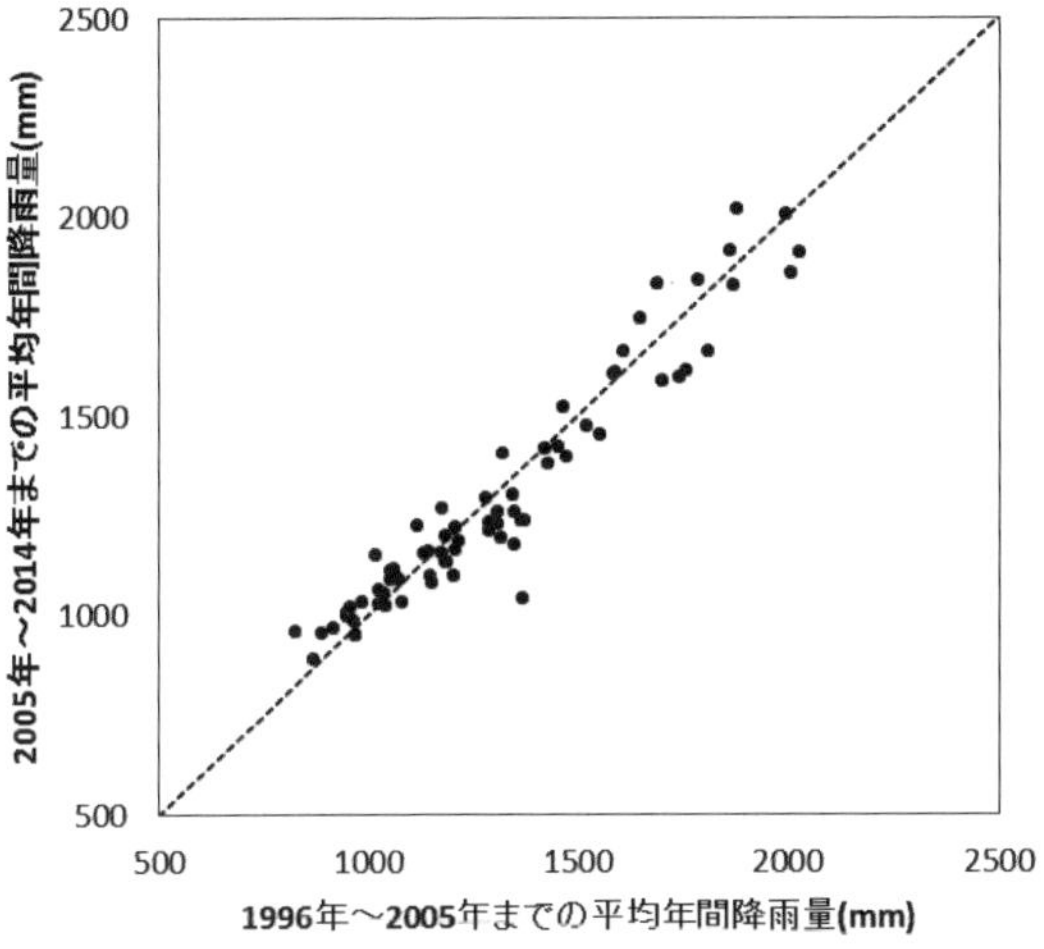

図4.6　2005年と2014年の移動平均年間降雨量を比較

05年よりも2014年の降雨量が多くなっていることを示します。

いかがでしょうか。この図には、2005年が多い観測所もあれば、2014年が多い観測所もありますが大きな差のある箇所はありません。降雨量が大きくなっているイメージを持たれている方も多いと思いますが、年間平均降雨量の視点からは、それほど大きな変化はありません。

2 最大一連降雨量

過去20年間で最も降雨量が多かった雨はいつでしょうか。全雨量観測所における一連降雨の中から総降雨量が多いベスト10の日時を調べた結果を表4・2にまとめました。岡山県内で最大総降雨量を記録したのは平成23年9月1日に大ヶ山観測所で記録した436㎜です。上位5位まではすべて岡山県北東部地域に集中しています。岡山県でもこの地域は降雨量が多い地域です。トップ10はすべて県北地域となっています。5位までで375㎜、10位までで350㎜です。上位5位のうち平成23年8月31日~9月1日までの降雨が3件と集中しています。ちなみに上位10位の中には、岡山県最北東端にある右手観測所と坂根観測所の記録が2回ずつ含まれています。

岡山県北東部地域は短期的な降雨の視点からも岡山県でも有数の多雨地域であることがこ

の結果からも伺えます。逆に過去20年間の最大一連降雨量で最も少ない雨量であったのは県庁の176㎜でした。以下降雨量の少ない観測所は県南地域に集中しています。岡山県の降雨量の傾向である南少北多の傾向は一連降雨単位でも変わりません。

では、いつこのような豪雨があったのでしょうか。その結果を表4・3に整理しました。各観測所で記録した最大一連降雨時はある時期に集中しているように見えます。第1位の降雨を抽出すると、以下に示す時期のいずれかに当てはまります。この4降雨が岡山県における過去20年間で最も大きな豪雨であったと言えるでしょう。

この4降雨について、既往の資料を引用しながら、概要を示します。表4・3と以下の記述の日付が若干異なるのは、表

表4.2　一連降雨の雨量トップ10

順位	観測所名	年	月	日	時間	一連降雨
1	大ヶ山	2011	8	31	14	436
2	右手	2006	7	12	16	413
3	石越	2011	8	31	17	399
4	岩淵	2011	9	1	7	384
5	坂根	1997	7	7	8	375
6	倉見	2011	8	31	16	363
7	右手	2011	5	10	7	363
8	坂根	2006	7	13	21	352
9	東粟倉	2006	7	12	11	351
10	成羽	2013	8	30	12	350

年月日は一連降雨の降り始めの時刻

表4.3　最大一連降雨量を記録した年月日

番号	豪雨年月日	過去20年間で最大雨量であった観測所数
1	平成7年6月30日〜7月2日	37観測所
2	平成18年7月12日〜7月14日	25観測所
3	平成23年8月31日〜9月2日	19観測所
4	平成25年8月30日〜9月1日	29観測所
5	その他	2観測所

4・3は、降りはじめ日時から降り終わり日時で記載しているのに対して、後述の日時は、引用先に記載された豪雨時の期間をそのまま用いているためです。

【平成7年7月2日～7月6日】（図表で見る岡山県の気象：平成16年版より）

平成7年7月2日は、西日本では前線がいったん日本海まで北上し、この前線上の対馬海峡に発生した低気圧が山陰沖を東北東に進んだ後、再び九州北部まで南下しました。このため、東北地方以南で雨が降り、中国地方から九州地方北部で大雨となった所がありました。3日は、低気圧が日本海を東北東進し三陸の東海上に進み、前線が九州北部から東日本の南岸にほぼ停滞したため、西日本から北日本にかけて雨降り、九州地方北部から北陸地方にかけて大雨となりました。4日は、前線が九州南部から東日本の南岸に停滞し、西日本から東日本にかけて雨が降り、西日本では大雨となりました。日降雨量の多い所は、2日に九州北部や中国地方で200㎜～300㎜、3日に九州地方から中部地方までの広い範囲で100㎜～200㎜、4日に九州地方から東海地方の太平洋側を中心に100㎜～200㎜でした。5～6日は、本州南岸に前線が停滞し、前線上の東シナ海や東海地方に相次いで低気圧が発生して東進したため、九州地方から東北地方南部にかけて雨が降り、5日には九州地方と東海地方で大雨となった所がありました。7日は、西日本の前線は日本海まで北上し、東日本でも活動が弱まったため、九州地方北部から関東地方で曇りや雨となりましたが、九州地方南部から近畿地方にかけてと北日本では晴れた所がありました。

この期間、岡山県内全域で大雨となり、特に岡山市桑田町では3日8時40分までの1時間に31・0㎜降るなど、2日夜半前から3日午前中にかけて、各地で1時間に20㎜を超える強い雨となりました。この雨のため、笠岡市で床上浸水、岡山市・倉敷市などで床下浸水、船穂町などで道路損壊、津山市・笠岡市・玉野市などで山・がけ崩れが発生しました。農業関係では、ため池や水路の法面崩壊などの農業施設の被害が県内各地で発生しました。林業被害では、美甘村で渓流の荒廃などの被害がありました。交通機関では、JR関係で2日から6日にかけて強雨による運転規制が度々行われました。また、落雷のため岡山市や倉敷市などで933戸が停電しました。

【平成18年7月15日～7月19日】（「平成18年7月豪雨」による出水（速報）より）

西日本に停滞していた梅雨前線上に小規模の低気圧が発生し東進しました。このため、梅雨前線の活動が活発になり、前線の南側に暖かく湿った空気が強い西風に運ばれて次々と流入し、活発な積乱雲のかたまりを発生させました。特に岡山県では19日の前線南下時に、北部で強い雨が降り、降り始めからの雨量が多いところで300㎜を超える大雨となりました。気象庁のアメダス統計によると、新見市の千屋で、72時間雨量が観測史上1位を更新しました。なお、この大雨は気象庁によって「平成18年7月豪雨」と命名されました。

【平成23年8月30日～9月5日】（災害時気象速報　平成23年台風第12号による8月30日から9月5日にかけての大雨と暴風（気象庁）より）

8月25日9時にマリアナ諸島の西海上で発生した台風12号は、発達しながらゆっくりとした速さで北上し、30日に小笠原諸島付近で大型で強い台風となりました。台風12号は、進路をいったん西に変えた後、9月2日に四国地方に接近、3日10時頃に高知県東部に上陸、18時過ぎに岡山県南部に再上陸。その後台風12号は4日未明に山陰沖に進み、5日15時に日本海中部で温帯低気圧に変わりました。台風が大型でさらに動きが遅かったため、長時間にわたって台風周辺の非常に湿った空気が流れ込み、西日本から北日本にかけて、山沿いを中心に広い範囲で記録的な大雨となりました。8月30日17時から9月5日24時までの総降雨量は、紀伊半島を中心に広い範囲で1000㎜を超え、多いところでは年降雨量平年値の6割に達し、紀伊半島の一部の地域では解析雨量で2000㎜を超えました。また、西日本の太平洋側を中心に平均風速20メートルを超える非常に強い風、海上では波の高さが6mを超える大しけとなり、沿岸では高潮となりました。気象庁では、気象警報などの各種防災気象情報を発表し、災害への警戒を呼びかけました。また、非常災害対策本部会議や災害対策関係省庁連絡会議、各県災害対策本部へ職員を派遣し、各市町村へも、台風説明会やホットライン2などを用いて気象解説を行いました。さらに、気象庁ホームページにポータルサイトを開設し、2次災害防止や復旧活動支援のための情報を掲載し、各市町村の防災担当者を支援しました。
今回の台風による土砂災害、浸水、河川のはん濫等により、埼玉県、三重県、兵庫県、奈良県、和歌山県、広島県、徳島県、香川県、愛媛県などで死者78名、行方不明者16名となり（被害状況は、平成23年11月2日17時現在の消防庁の情報による）、北海道から四国にかけての広い範囲で床上・床下浸水などの住家被害、田畑の冠水などの農林水産業への被害、鉄道の運休などの交通障害が発生しました。また、和歌山県や奈良県内では豪雨に伴う山崩れにより河道閉塞（天然ダム）が生じたため、警戒区域が設定され住民の立ち入りが規制されるなど、警戒が続けられています。

【平成25年8月30日～9月4日】（平成25年8月30日から9月4日にかけての近畿・中国・四国地方の大雨について（大阪管区気象台）より）

8月30日から9月4日にかけて、前線が日本海からゆっくり南下し西日本に停滞。一方、東シナ海を北上した台風15号及び台風17号から変わった温帯低気圧の影響で、前線や低気圧に向かって南から暖かく湿った空気が流れ込みました。このため、大気の状態が非常に不安定となり、31日～1日に島根県や鳥取県で激しい雨が降り、2日朝には兵庫県で猛烈な雨が降りました。3日～4日は断続的に非常に激しい雨が降り、特に3日夕方から夜のはじめ頃にかけてと4日明け方から昼過ぎにかけては四国で猛烈な雨を観測。

アメダスでは、降り始めの8月30日から9月4日までの期間降雨量が、高知県いの町本川で５０７・０㎜、愛媛県四国中央市富郷で４１３・５㎜、徳島県三好市京上で４０８・０㎜、兵庫県丹波市柏原で３８６・５㎜など平年の9月の月降雨量を上回る大雨を観測しました。４日の日降雨量は、高知県仁淀川町池川で３４４・５㎜、愛媛県四国中央市富郷で２６８・０㎜、徳島県上勝町福原旭２２９・０㎜をそれぞれ観測。日最大１時間降雨量は、兵庫県丹波市柏原で２日８時８分に94・０㎜、高知県仁淀川町池川で４日９時15分に96・０㎜、愛媛県四国中央市富郷で４日10時７分に95・０㎜を観測し９月の観測史上１位の値を更新したほか、高知県室戸市佐喜浜では３日16時51分までの１時間に１２２㎜の猛烈な雨を観測しました。

この大雨の影響で、兵庫県で死者１人、鳥取県・愛媛県で重傷者が計２人、岡山県で住家の全壊が１棟、兵庫県・岡山県・愛媛県・鳥取県で床上浸水が計31棟、兵庫県・岡山県・愛媛県・広島県・鳥取県・徳島県・島根県で床下浸水が計５４１棟、岡山県・広島県・愛媛県・香川県・島根県で土砂災害が28件のほか、道路の通行止めや鉄道の運休など交通機関に大きな影響が出ました。（内閣府調べ：９月５日19時00分現在）

３　最大日雨量

過去20年間で最も降雨量が多かった日はいつでしょうか。前節の最大一連降雨との違いは、

表4.4　日雨量トップ10

順位	観測所名	年	月	日	日雨量
1	石越	2011	9	3	272
2	大ヶ山	2011	9	3	256
3	奥津	2011	9	3	250
4	岩淵	2011	9	3	244
5	倉見	2011	9	3	242
6	壬生	2009	8	9	238
7	有漢	2011	9	3	223
8	日生	2011	9	3	223
9	黒木ダム	2011	9	3	222
10	久米	1998	10	17	221

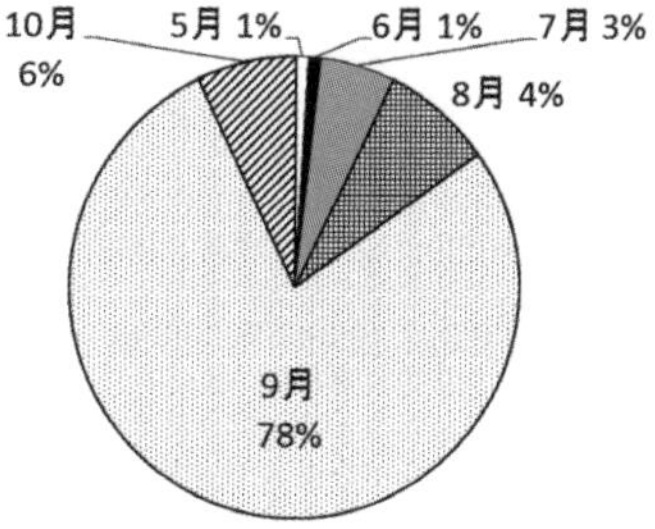

図4.7　最大日雨量を記録した月

１日で区切られている点です。一連降雨は数日にわたって降り続いている降雨も含まれますが、こちらは１日で区切られた集中豪雨を意味しています。したがって集中豪雨が多いと予想される台風シーズンが多くなると推測されます。

図４・７は最大日雨量を記録した月の割合を示した図です。75％以上の観測所で９月が最大となりました。予想通りの結果です。では、どのくらいの雨量を記録しているのでしょうか。

表４・４に観測所ごとの最大日雨量のランキングを示しました。傾向としては前節と同様ランキング上位の観測所は岡山県北東部地域に集中しています。上位10位で２２０㎜以上の降雨となっています。逆に最も少ない日雨量を記録したのは県南地域で１１０㎜前後となっています。県北地域のちょうど半分といったところでしょうか。問題は日付です。先ほど９月が最も多くなることは説明しましたが、この表の日付を確認

してください。10位までの日雨量で8箇所が２０１１年（平成23年）９月３日となっています。今回検討した１１２箇所中、実に72箇所でこの日が最大日雨量となりました。この時の概要は前節に記載していますが、実際の降雨データを用いてこの日の状況を見てみましょう。

　最大日雨量を記録した観測所の分布および等雨量線図を図４・８に示しました。黒い丸で示された箇所が過去20年間で最大日雨量を観測した観測所です。ほぼまんべんなく全県を網羅した豪雨でした。まさにこの日は岡山県における過去20年間で最大の豪雨であったことがわかります。この日は台風12号が岡山県を縦断し、岡山市、玉野市で約30万人の市民に避難勧告が発

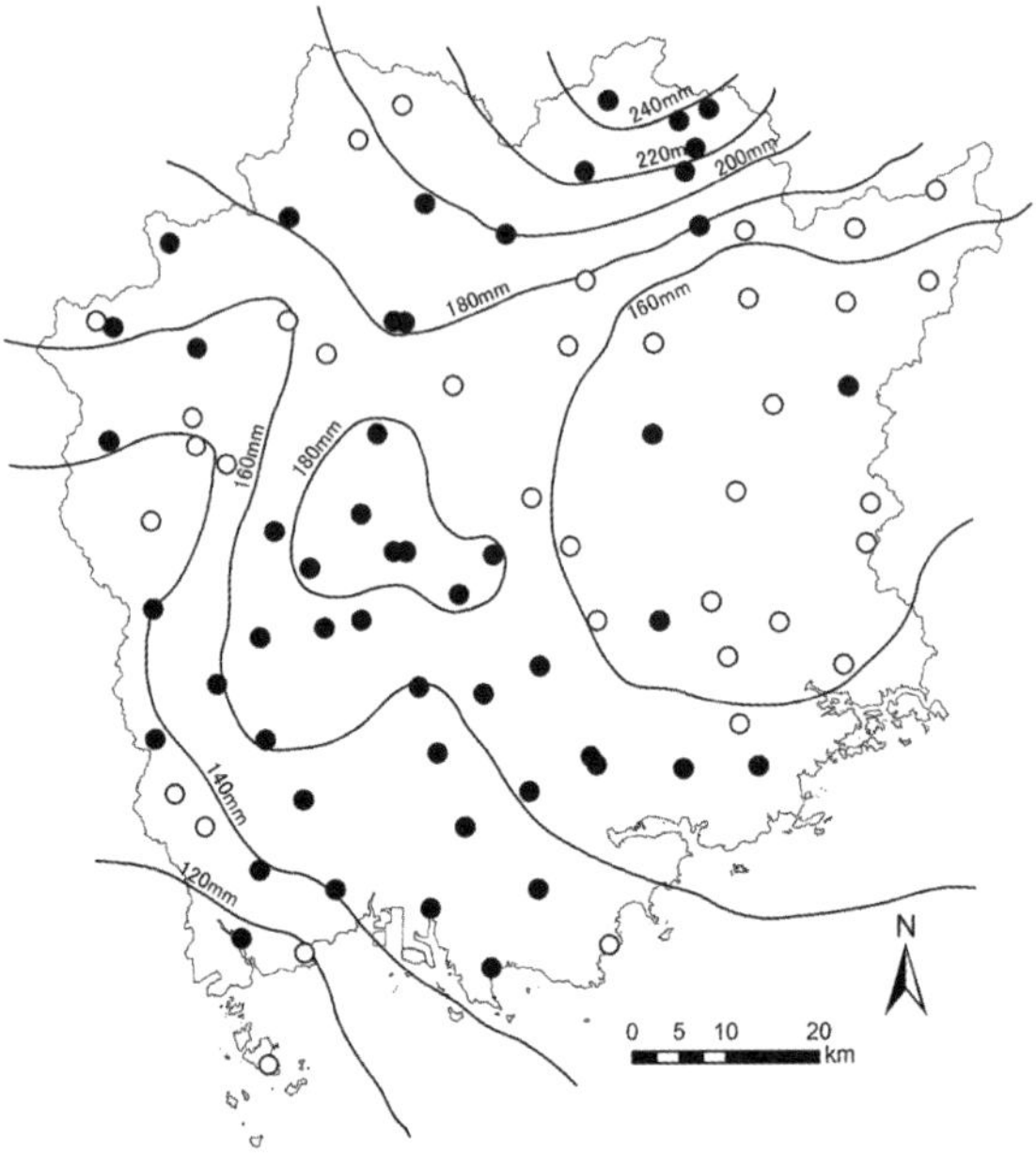

図4.8　2011年（平成23年）9月3日の等雨量線（日雨量）

写真4.1　平成23年9月3日の笹ヶ瀬川の状況

表されました。笹が瀬川足守川水系では、川の水位が堤防を越えて浸水被害が発生しました（写真4・1）。

図4・9は笹ケ瀬川の藤田観測所における川の断面と水位変化の模式図です。9月3日の朝から水位が上昇をはじめ18時に最高水位3mとなり、堤防を越えて浸水被害が生じました。この日の降雨量は多いところで220㎜でした。ところが、同じときに紀伊半島では総降雨量で2000㎜降りました。台風12号は岡山県を縦断したにもかかわらず、岡山県から遠く離れた地で10倍の降雨をもたらしました。岡山県では、この200㎜という雨量でも過去20年間で最大の降雨であり、その雨量で堤防を越流して浸水被害が発生するのです。岡山県の降雨量の少なさと降雨に対する脆弱さがわかる一例だと思います。

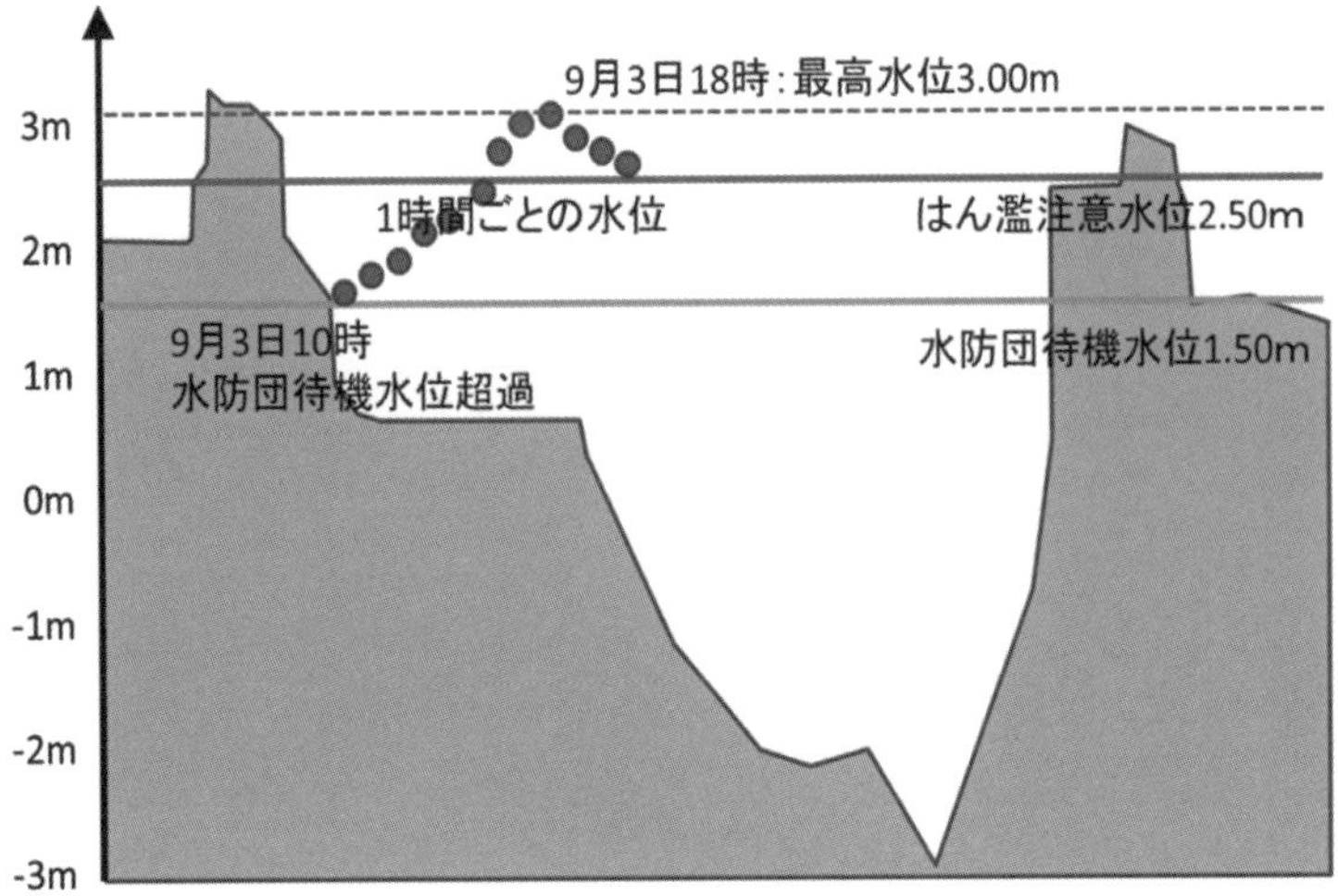

図4.9　平成23年9月3日の笹ヶ瀬川藤田観測所の時間ごとの水位変動状況

5　最大時間雨量

1時間で最も降雨量が多かったのはどこか。またその時の雨量はどのくらいなのかというニュースは大変興味があります。1時間雨量は、天気予報やニュースで最も多く出てくる雨量と言えます。1時間に100㎜を記録すれば大きなニュースとなります。ちなみに我が国の最大時間雨量は、第1章で述べました通り187㎜という記録が残されています。昭和57年の出来事でしたね。

岡山県における過去20年間で最大時間雨量のベスト10を表4・5に示しました。時間雨量100㎜を超過したのは3回です。20年間で3回とは全国的に見て非常に少ないと言えます。また、時間雨量発生時の一連降雨（総降雨量）も併せて示しました。これより、第8位の記録以外は、時間雨量と総雨量の差が小さいことから降り始めに記録した豪雨であることがわかります。さらに、１９９６年の３降雨を除いて同じ降雨がありません。それぞれが局地的な集中豪雨によって記録されたことがわかります。この点が、第１章でご紹介した過去の災害と大きく異なる点です。近年岡山県で豪雨災害が発生していないのは、１・４節の事例以外で、中国地方の豪雨災害時の降雨にも満たない雨量しか記録していないのが最大の理由です。図４・８で示した２０１１年（平成23年）９月３日の豪雨時でも、倉敷市を中心に30数箇所程度の土砂災害が発生した程度でした。

表4.5　１時間雨量トップ10

順位	観測所名	年	月	日	時間	時間雨量	総降雨量
1	高瀬川ダム	1998	8	22	16	120	120
2	美咲	2012	7	20	15	114	120
3	矢神	1996	7	24	18	107	107
4	長屋	2004	8	9	18	91	113
5	高瀬川ダム	1996	7	24	18	90	90
6	真庭	2010	7	6	16	88	102
7	壬生	2011	8	26	17	85	101
8	山田原	2003	8	8	5	84	161
9	和気	2004	8	5	1	83	102
10	河本ダム	1996	7	24	18	83	83

　このときの豪雨は、日雨量、一連降雨雨量（総降雨量）において、岡山県で最大級の豪雨災害でしたが、１時間雨量は30㎜に満たない降雨でした。この豪雨で時間雨量が１００㎜に迫る集中豪雨があったならば、広島災害と同等の土砂災害となった可能性があると考えられます。

本章では、過去20年の降雨データを基に、岡山県の豪雨と過去の土砂災害の事例及び他地域のような土砂災害の発生可能性について分析しました。第1章で紹介した甚大な豪雨災害が発生していない理由の1つとして、そこまでの豪雨を経験していないことを定量的に示しました。岡山県には土砂災害危険箇所がおよそ1万2000箇所あり、全国的に見て危険な地域です。もし、広島災害のような豪雨があれば、同等の土砂災害が発生すると予想されることを知っておくことが大切です。

次章では、土砂災害に関連する降雨基準を紹介し、その頻度について見ていきます。

5　岡山県の豪雨の頻度

降雨量が土砂災害の誘因（土砂災害の発生を誘い出す原因）となることは昔から知られています。そのため、どのくらいの降雨があれば土砂災害が発生する恐れがあるのかについて検討され、降雨基準が設定されています。本章では、土砂災害発生に関する降雨基準について紹介し、岡山県においてどのくらいの頻度で基準を超過しているのか、そしてどのくらい土砂災害が発生しているのかを分析していきましょう。

1　大雨警報、大雨注意報基準

防災に関する降雨量の基準として真っ先に思いつくのが大雨注意報と大雨警報です。この2つの基準は、1時間雨量、3時間雨量、土壌雨量指数値等からおおよその目安が設定されています。それは発表の判断をするときには、数値とともに状況判断を行うためです。例えば、基準値を超えたものの、今後雨が降らない場合は、気象予報は発表されませんし、逆に数時間後に猛烈な雨が確実に予想される場合は、基準に達していなくても発表される場合があります。

まず、岡山県における予警報の発表区域を図5・1に示します。9地域に分割され、それぞれの地域で独立して予警報が発表されます。

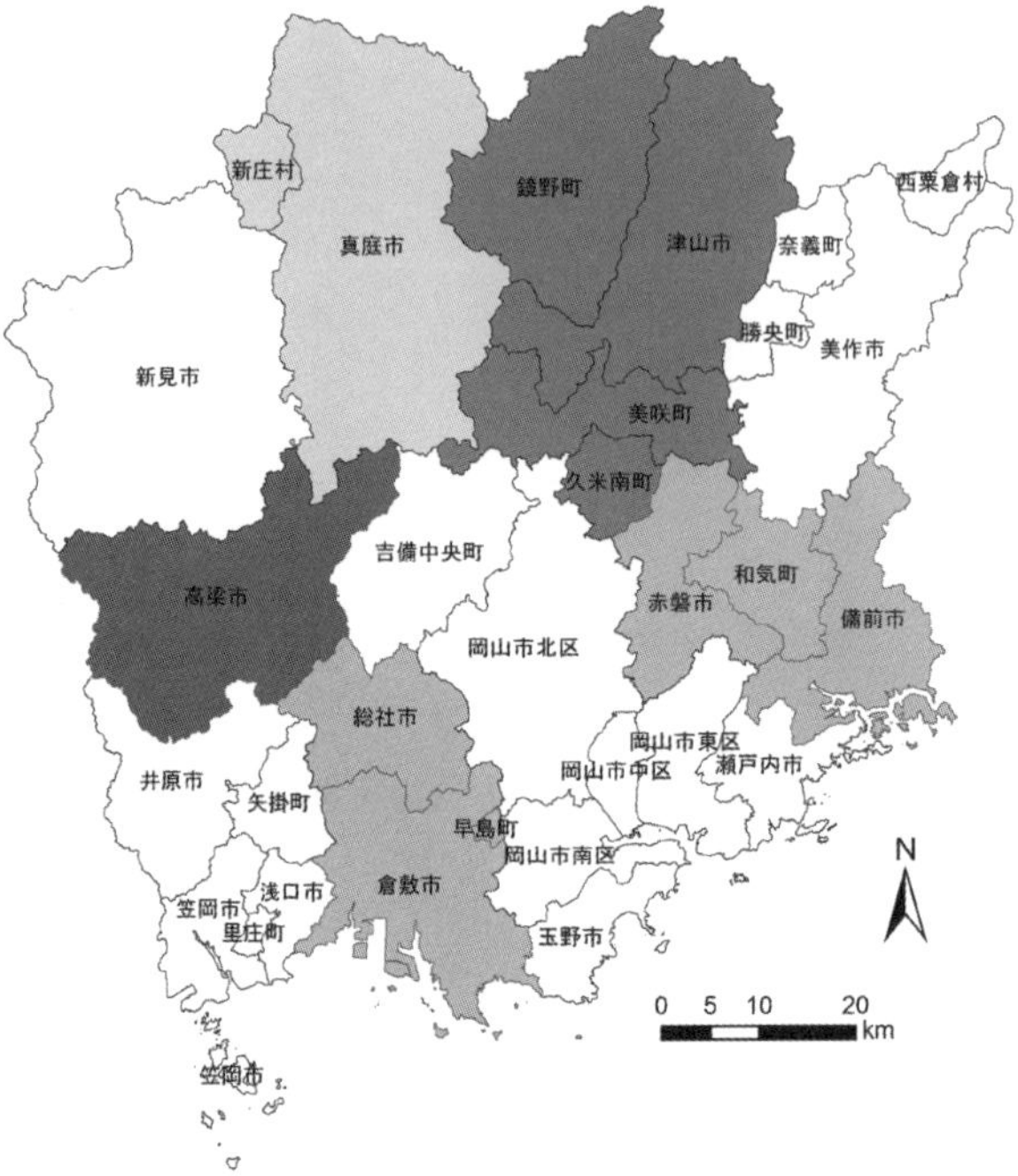

予警報地域		市町村（区は岡山市でまとめて標記）
南部	井笠地域	笠岡市、井原市、浅口市、矢掛町、里庄町
	倉敷地域	倉敷市、総社市、早島町
	岡山地域	岡山市、玉野市、瀬戸内市、吉備中央町
	東備地域	備前市、赤磐市、和気町
	高梁地域	高梁市
北部	新見地域	新見市
	真庭地域	真庭市、新庄村
	津山地域	津山市、鏡野町、美咲町、久米南町
	勝英地域	美作市、勝央町、奈義町、西粟倉村

図5.1　岡山県の警報・注意報の発表区分

では、大雨警報及び大雨注意報の発表基準から見ていきましょう。ここで対象とする大雨警報は大雨警報（土砂災害）とします（以下大雨警報と記述、注意報も同様）。大雨警報・注意報の発表基準は、土壌雨量指数値で定義されています。しかも1㎞メッシュごとに基準が設定されており、レーダーアメダス解析雨量を用いて基準超過の判定を行っています。大雨警報・注意報の発表基準は、図5・1に示した地域単位で発表されるため、1㎞メッシュごとの基準超過の状況を見て、気象台より警報発表が行われます。

気象台から公表されている気象月報に基づいて、過去20年間の岡山県内の大雨警報の発表回数を自治体ごとに整理しました。20年間の平均値は1年間で3・2回程度発表されています。地域で詳細に見ると、県南地域は年間2回～3回、県北地域では3回～4回で、若干県北地域の発表回数が多くなっています。大雨警報の発表に基づいて避難行動に移る場合は、1年間にこの回数だけ、土砂災害に対する対応が必要になるということです。1年間に3回くらいであれば、避難に関する行動をとってもよいのではないでしょうか。

2　がけ崩れ、土石流発生降雨

国土交通省では、土砂災害警戒避難基準雨量という基準を定めています。この名前をよく見ると「土砂災害に対して警戒・避難を行う際の基準となる雨量」と考えていいと思います。

気象予報の1つである土砂災害警戒情報は、土砂災害に対する最大級の警戒を呼び掛ける警報であり、この警戒避難基準雨量が発表基準となっています。

現在運用されている土砂災害警戒避難基準雨量は、「連携案」と呼ばれ、ほぼ全国都道府県で発表されている土砂災害警戒情報の発表基準として使用されています。土砂災害警戒避難基準雨量の設定手法は、国土交通省河川局砂防部と気象庁予報部の連携による土砂災害警戒避難基準雨量の設定手法（案）に掲載されています。基本的にこの基準値を超過したら、過去に災害が発生した事例があったと考えてよいでしょう。この基準を超過した時（土砂災害警戒情報の発表は避難時間を考慮し、数時間後の予測雨量を用いて判断）は、すなわち過去に重大な土砂災害が発生した雨量であることを示しており、既に危険な雨量であることを意味しています。

この警戒避難基準雨量の設定のきっかけとなった災害が第1章で紹介した長崎災害です。昭和57年に発生し、死者・行方不明者が約３００人を数えた大災害を契機に、当時の建設省は、降雨量と災害の関係から、避難情報を提供する降雨量基準を設定することを提案しました。その後の研究でいくつかの案が示され、全国的に基準の設定が行われました。この警戒避難基準雨量の設定に際して、降雨を誘因（土砂災害を発生させる要因）と考えるある一定降雨量以上の降雨を整理する必要があります（国土交通省　２００１）。そこで、降雨を誘因とした土砂災害の発生について降雨の定義が行われましたので紹介いたします。

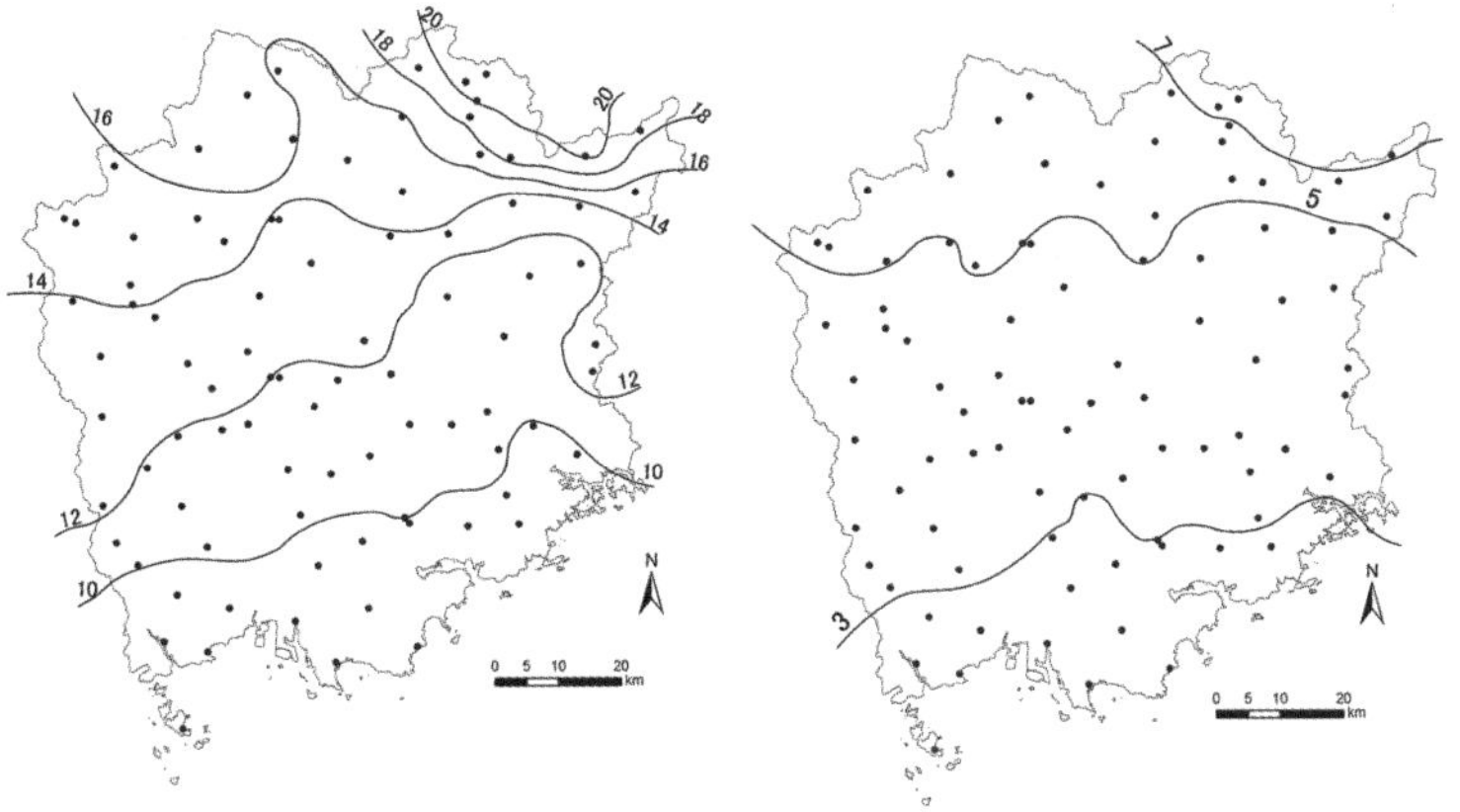

図5.2　超過頻度分布（左：土石流、右：がけ崩れ）

土石流：「総降雨量80㎜以上または1時間雨量強度が20㎜以上」

この2つの基準のどちらか一方を満たす一連降雨を抽出して警戒避難基準雨量の設定及び精度検証に用いました。

がけ崩れ：「総降雨量40㎜以上または1時間雨量強度が10㎜以上」

がけ崩れは、どちらの基準も土石流の半分の値となっています。がけ崩れは土石流と比較して少ない降雨で多数発生するため、降雨量基準が小さく設定されています。私も様々な地域で警戒避難基準雨量を設定しましたが、この基準はがけ崩れという現象に合致した値だと思います。

本節では、この基準を超過した降雨の頻度について整理しました。図5・2にがけ崩れ基準と土石流基準について等頻度線図を作成しました。いずれも県の南部が少なく、東北部に移動するにつれて基準超過頻度が多くなっています。これは雨量分布と同じ傾向を示しています。がけ崩れ基準の超過は、南部は10回程度、北部は20回程度記録しています。これに対して土石流基準の超過頻度は南部で3回、北部で7回程度です。ほぼ大雨警報の発表回数と類似した値となっています。土石流基準の超過は、大雨警報の発表と同じく危険な状況にあることを表しています。

3　強い雨の頻度

天気予報で、「○○㎜の雨が予想されますから注意してください」と言われますが、実際に降っている雨を見て、○○㎜だとわかる人はなかなかいないと思います。すごい雨が降っているように見えても、実際の雨量値にするとそれほどでもない場合が多いです。時間雨量100㎜を経験した方なら、その凄まじさを理解できますが、そのような経験は簡単にはできません。

気象庁では、雨の強さと降り方について、様々な視点から文章で表現しています。その資料を次のページに引用しました（表5・1）。「傘をさしていてもぬれる」、「小さな川があふれる」という状況は、大変な豪雨をイメージしますが、20～30㎜を表現したものです。

表5.1　雨の強さと降り方（気象庁ＨＰより）

1時間雨量(mm)	予報用語	人の受けるイメージ	人への影響	屋内(木造住宅を想定)	屋外の様子	車に乗っていて	災害発生状況
10以上～20未満	やや強い雨	ザーザーと降る	地面からの跳ね返りで足元がぬれる	雨の音で話し声が良く聞き取れない	地面一面に水たまりができる		この程度の雨でも長く続く時は注意が必要
20以上～30未満	強い雨	どしゃ降り	傘をさしていてもぬれる	寝ている人の半数くらいが雨に気がつく		ワイパーを速くしても見づらい	側溝や下水、小さな川があふれ、小規模の崖崩れが始まる
30以上～50未満	激しい雨	バケツをひっくり返したように降る			道路が川のようになる	高速走行時、車輪と路面の間に水膜が生じブレーキが効かなくなる(ハイドロプレーニング現象)	山崩れ・崖崩れが起きやすくなり危険地帯では避難の準備が必要 都市では下水管から雨水があふれる
50以上～80未満	非常に激しい雨	滝のように降る(ゴーゴーと降り続く)	傘は全く役に立たなくなる		水しぶきであたり一面が白っぽくなり、視界が悪くなる	車の運転は危険	都市部では地下室や地下街に雨水が流れ込む場合がある マンホールから水が噴出する 土石流が起こりやすい 多くの災害が発生する
80以上～	猛烈な雨	息苦しくなるような圧迫感がある。恐怖を感ずる					雨による大規模な災害の発生するおそれが強く、厳重な警戒が必要

雨量値にするとたいしたことのない雨に見えてしまいます。50㎜を超えると「車が運転できない」、「水しぶきであたり一面が白っぽくなる」という状況となります。これで50㎜ですから、80㎜や１００㎜の場合、恐怖を感じるという言葉があるのもうなずけます。第1章、第2章で紹介した土砂災害も時間雨量１００㎜前後の豪雨で災害が発生しています。先ほど説明した土砂災害警戒情報が発表されたときには、相当量の豪雨となっている場合が多いです。この表に示したように10～20㎜であったとしても屋外に出て避難するには大変な労力が必要になると考えられ

表5.2　時間雨量の多い降雨の回数（旭川、吉井川）

番号	観測所名	10mm	20mm	30mm	40mm	50mm	80mm	番号	観測所名	10mm	20mm	30mm	40mm	50mm	80mm
101	県庁	9.7	1.4	0.3	0.1	0.0	0.0	201	西大寺	12.4	2.0	0.5	0.1	0.1	0.0
102	岡山	13.2	2.1	0.5	0.2	0.0	0.0	202	二日市	13.8	1.8	0.8	0.2	0.1	0.0
103	金川	14.2	3.0	0.6	0.1	0.0	0.0	203	千町	9.1	1.6	0.4	0.1	0.1	0.0
104	金山	12.6	2.0	0.4	0.0	0.0	0.0	204	長船	13.7	2.3	0.6	0.1	0.1	0.0
105	旭川ダム	17.2	3.2	1.3	0.2	0.1	0.0	205	八塔寺川ダム	18.5	4.3	1.4	0.4	0.1	0.0
106	建部	13.8	2.4	0.9	0.3	0.2	0.0	206	加賀美	18.0	3.8	1.2	0.7	0.2	0.0
107	下加茂	14.5	2.0	0.3	0.2	0.0	0.0	207	岡	12.7	2.4	0.8	0.1	0.0	0.0
108	鳴滝ダム	14.6	2.3	0.4	0.1	0.0	0.0	208	周匝	15.5	3.2	0.7	0.1	0.1	0.0
109	賀陽	14.2	2.5	0.8	0.1	0.1	0.0	209	和気	13.1	2.5	0.9	0.4	0.1	0.1
110	竹谷ダム	12.9	1.7	0.3	0.1	0.0	0.0	210	津山	17.6	3.4	0.9	0.4	0.2	0.0
111	河平ダム	13.5	2.0	0.5	0.2	0.0	0.0	211	大ヶ山	31.3	5.1	1.3	0.1	0.0	0.0
112	西軽部	12.8	2.4	0.5	0.2	0.1	0.0	212	岩淵	28.4	5.0	1.5	0.3	0.1	0.0
113	富	22.8	4.4	1.7	0.6	0.1	0.0	213	倉見	25.8	5.4	1.0	0.3	0.0	0.0
114	久米南	13.5	2.1	0.7	0.1	0.0	0.0	214	黒木ダム	21.9	4.2	0.7	0.1	0.0	0.0
115	大垪和	16.6	1.8	0.7	0.2	0.1	0.0	215	加茂	23.8	4.9	1.5	0.6	0.1	0.0
116	上長田	20.2	4.0	1.2	0.3	0.1	0.0	216	津川ダム	26.8	5.7	1.7	0.5	0.1	0.0
117	奥田	20.6	4.3	1.5	0.6	0.1	0.0	217	勝北	15.9	2.8	0.4	0.2	0.0	0.0
118	湯原ダム	24.4	4.9	1.6	0.6	0.2	0.0	218	久米	18.7	3.8	1.2	0.4	0.2	0.0
119	湯原	19.4	4.0	1.5	0.4	0.1	0.0	219	奥津	21.8	4.3	1.2	0.3	0.1	0.0
120	月田	21.1	4.1	1.3	0.3	0.2	0.0	220	石越	24.9	6.2	2.1	0.6	0.1	0.0
121	真庭	18.8	3.5	1.1	0.5	0.3	0.1	221	大郷	19.4	4.0	1.3	0.4	0.2	0.0
122	勝山	15.4	2.7	0.9	0.4	0.2	0.1	222	金堀	14.1	2.4	0.7	0.1	0.0	0.0
123	落合	16.6	3.5	1.2	0.3	0.1	0.0	223	右手	28.3	5.8	1.2	0.5	0.3	0.0
124	樫東	17.1	4.0	0.8	0.1	0.0	0.0	224	久賀ダム	18.1	3.7	1.0	0.3	0.2	0.0
125	北房	16.0	2.8	0.7	0.3	0.1	0.0	225	大原	20.1	4.7	1.7	0.5	0.1	0.0
126	別所	18.9	3.2	0.8	0.4	0.1	0.0	226	壬生	20.8	3.3	1.4	0.7	0.5	0.1
127	新庄	21.8	4.6	1.3	0.3	0.0	0.0	227	東粟倉	23.9	4.9	1.4	0.6	0.3	0.0
128	仁堀	16.7	2.4	1.0	0.2	0.2	0.0	228	江見	15.0	2.5	0.8	0.2	0.1	0.0
129	尾原	17.0	3.1	0.6	0.2	0.0	0.0	229	田殿	15.9	2.7	0.6	0.4	0.1	0.0
								230	美作	16.1	3.8	1.0	0.3	0.0	0.0
								231	坂根	27.4	5.8	1.5	0.5	0.2	0.0
								232	美咲	16.6	3.2	0.7	0.1	0.1	0.1
								233	栅原	18.4	3.5	1.2	0.4	0.0	0.0
								234	英田	19.6	2.7	0.4	0.0	0.0	0.0

ます。

　では、岡山県ではこのような雨がどのくらいあるのかについて整理しました。表5・2および表5・3は、岡山県の水防テレメータで観測された時間雨量のうち、降雨量の大きかった時間の頻度を整理したものです。観測された回数を1年間の時間数で割り算し、1年間の頻度として整理しました。基本的に北部にある雨量観測所ほど値が高くなっています。

　岡山県の過去20年の記録では、80㎜以上の猛烈な雨を観測したのが11回となっています。上位10位までは、第4章で紹介したので、ほぼその時だけ記録したことになり

表5.3　時間雨量の多い降雨の回数（高梁川、その他）

番号	観測所名	10mm	20mm	30mm	40mm	50mm	80mm	番号	観測所名	10mm	20mm	30mm	40mm	50mm	80mm
301	玉島	10.1	1.3	0.2	0.1	0.0	0.0	401	日生	14.3	2.1	0.7	0.0	0.0	0.0
302	真備	13.8	1.9	0.3	0.1	0.0	0.0	402	南山	12.4	2.2	0.3	0.1	0.0	0.0
303	総社	12.1	1.7	0.6	0.1	0.0	0.0	403	足守	12.0	1.9	0.4	0.1	0.1	0.0
304	豪渓	13.1	1.9	0.4	0.1	0.0	0.0	404	庭瀬	10.1	1.5	0.6	0.1	0.0	0.0
305	久代	15.7	2.8	0.8	0.1	0.0	0.0	405	片岡	10.1	1.9	0.6	0.1	0.0	0.0
306	美袋	16.3	1.9	0.4	0.2	0.1	0.0	406	玉野	10.2	1.6	0.5	0.1	0.1	0.0
307	尾坂	9.6	1.5	0.6	0.0	0.0	0.0	407	備前	14.6	2.0	0.5	0.0	0.0	0.0
308	井原	11.2	2.1	0.6	0.2	0.0	0.0	408	山田原	12.5	2.9	0.8	0.3	0.1	0.1
309	美星	17.0	2.2	0.5	0.3	0.0	0.0	409	倉敷	10.3	1.2	0.2	0.1	0.0	0.0
310	下鴨	15.9	2.2	0.5	0.1	0.1	0.0	410	水島	10.9	1.7	0.4	0.0	0.0	0.0
311	芳井	13.3	2.5	0.6	0.1	0.0	0.0	411	児島	8.8	1.5	0.2	0.1	0.0	0.0
312	矢掛	11.8	1.9	0.7	0.1	0.0	0.0	412	笠岡	10.8	1.4	0.2	0.1	0.0	0.0
313	方谷	15.7	2.9	0.9	0.2	0.1	0.0	413	北木島	12.0	1.5	0.7	0.2	0.0	0.0
314	楢井ダム	13.6	2.2	0.6	0.2	0.1	0.0	414	金光	11.2	1.5	0.3	0.0	0.0	0.0
315	高梁	14.1	2.6	0.5	0.2	0.0	0.0	415	寄島	10.0	1.4	0.2	0.1	0.1	0.0
316	川面	15.9	3.2	0.9	0.5	0.2	0.0	416	牛窓	14.0	2.0	0.3	0.0	0.0	0.0
317	有漢	15.9	2.7	0.8	0.2	0.1	0.0								
318	成羽	15.1	2.2	0.7	0.3	0.1	0.0								
319	川上	14.3	2.1	0.6	0.1	0.1	0.0								
320	備中	15.5	2.5	0.6	0.1	0.0	0.0								
321	高梁備中	14.8	2.9	1.3	0.4	0.3	0.0								
322	相文	20.9	4.6	0.9	0.2	0.0	0.0								
323	千屋ダム	20.2	3.5	1.4	0.3	0.2	0.0								
324	新見	18.2	3.5	1.0	0.3	0.1	0.0								
325	河本ダム	17.9	4.0	1.0	0.5	0.2	0.1								
326	長屋	15.9	3.4	0.8	0.3	0.1	0.1								
327	大佐	16.9	3.0	0.7	0.2	0.1	0.0								
328	高瀬川ダム	20.4	3.6	1.0	0.3	0.2	0.1								
329	梅田	19.1	3.6	1.3	0.4	0.1	0.0								
330	矢神	19.2	3.9	0.9	0.4	0.2	0.1								
331	三室川ダム	19.4	2.5	0.2	0.1	0.1	0.0								
332	蚊家	15.1	3.1	0.7	0.1	0.0	0.0								
333	足立	20.2	3.9	1.2	0.6	0.6	0.0								

ます。第1章で指摘しましたが、時間雨量の記録のみでは、中国地方では、甚大な災害が発生する雨量です。しかしながら、総降雨量がほとんどなかったこともあり、災害には至りませんでした。50㎜以上は132回で、1年平均6・7回となります。1年で約7回といえば結構な頻度に見えます。しかし、県内112箇所の雨量計の集計ですから、雨量計単位の平均は1年で0・2回程度とこちらも大変小さい頻度になります。国土交通省では、50㎜以上の降雨については、全国のアメダスを用いた頻度の変化について記載しています。図5・3は、国土交通白書に記

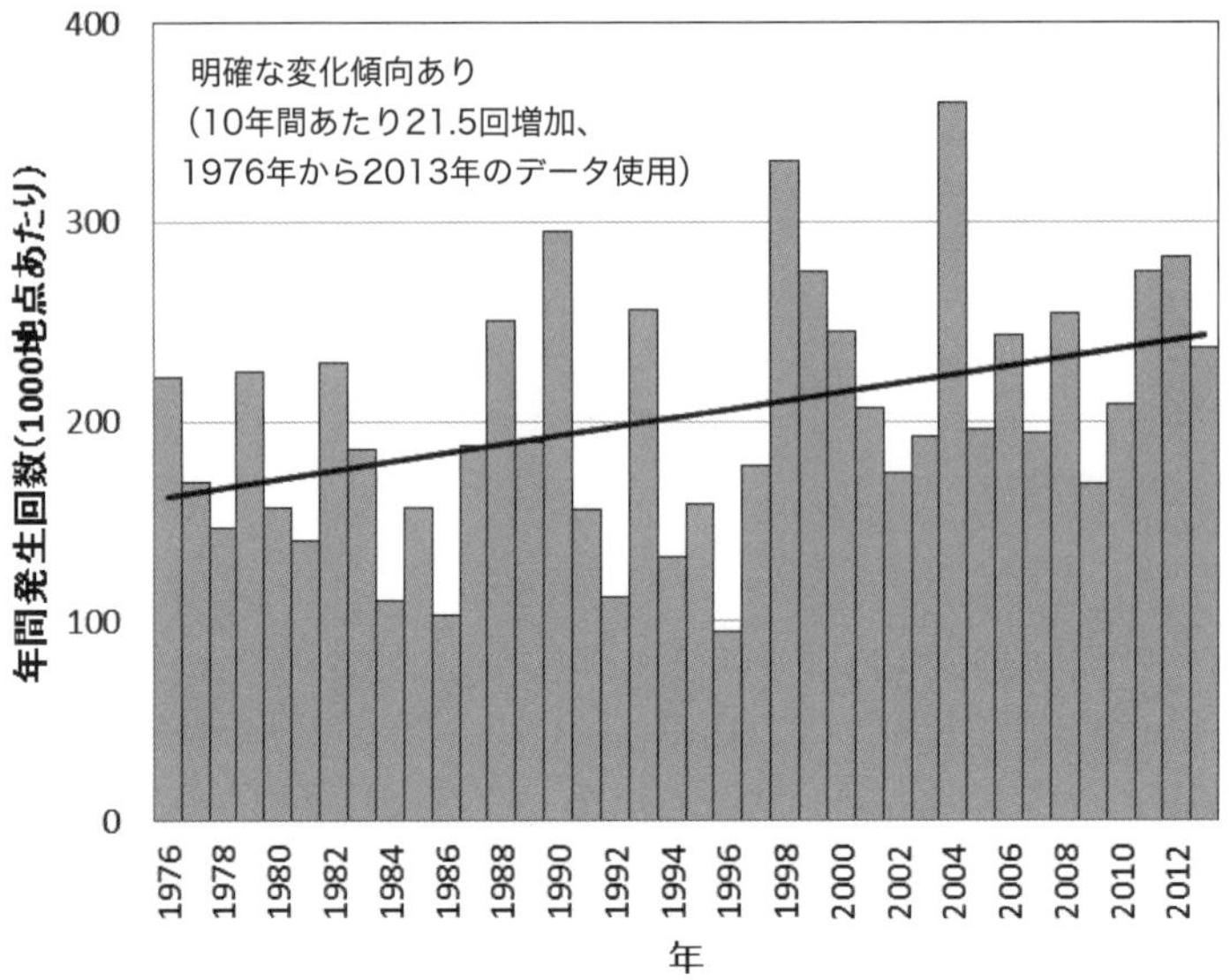

図5.3　時間雨量50mm以上の頻度（国土交通白書より）

載された資料で、時間雨量50㎜以上の年間発生件数（1000地点あたり）の傾向を示しており、土砂災害の発生の危険性が高まっていることを指摘しています。岡山県では1年間の平均で7回程度ですから、112箇所を9倍するとおよそ1000か所になりますので、9倍すると年間63回程度となり、全国平均の半分以下の回数しか降雨経験がありません。豪雨回数についても明確に少ないことがわかります。

本章では、土砂災害を誘発する豪雨の頻度についてデータを整理しました。気象庁や国土交通省で様々な基準が存在しています。ただ気象庁の大雨警報と国土交通省の土石流の発生降雨は、降雨基準の考え方も超過頻度もほぼ同じです。このことから、年間数回は甚大な土砂災害の発生する可能性がある豪雨があることを理解してほしいと思います。岡山県は降雨の少ないイメージがありますが、その分降雨量が少なくても災害が発生することは第２章で示した通りです。

6　○年に一度の降雨

大雨警報、大雨注意報、土砂災害警戒情報の他に大雨特別警報という情報があります。２０１３年（平成25年）８月30日から、特別警報という新たな情報が発表されるようになりました。特別警報は、それぞれの地域にとって数十年に一度しか起きないような重大な災害の発生の危険性が著しく高まっている時に発表される情報です。大雨特別警報は、ある一定の地域で50年に一度の降雨以上となった時に発表される警報です。運用直後に発生した伊豆大島の土石流災害時には、基準を超過した地域の面積が一定の基準を満たさなかったため警報が発表されなかったことで、注目されました。

図6.1　大雨特別警報の基準

表6.1　岡山県の地上雨量計の確率降雨量の平均値

確率年	1/2	1/3	1/4	1/5	1/8	1/10	1/15	1/20	1/25	1/30	1/40	1/50
時間雨量	29.5	33.9	36.8	39.0	43.3	45.4	49.1	51.7	53.7	55.3	58.0	60.0
総降雨量	143.5	170.8	188.0	200.6	225.8	237.4	257.8	272.0	283.0	291.9	305.9	316.6
土壌雨量指数値	98.1	109.3	116.0	120.8	130.0	134.1	141.2	146.0	149.6	152.4	156.9	160.3

さて、今回話題にするのは大雨特別警報ではなく「過去50年に一度の大雨」という降雨履歴の考え方です。気象庁は、平成3年から平成22年までの20年分の観測データを用いて、50年に1回程度の頻度で発生すると推定される降水量及び土壌雨量指数の値「50年に一度の値」を求め、これを大雨特別警報に用いています。過去50年の間に実際に観測された値の最大値として用いるのではありません。レーダーアメダス解析雨量の5㎞格子ごとに算出した値を基に大雨特別警報の発表の指標として用いています。毎年の最大値を用いて、主にグンベル分布という確率分布関数を基にして算出しています。

例えばある地域に50㎜の降雨があったとします。50㎜の降雨に耐えられない斜面は崩壊してしまいます。50㎜の降雨に耐えられる斜面は崩壊しないでしょう。その1ヶ月後に再度50㎜の降雨があったとしましょう。1ヶ月前の50㎜の降雨で崩壊してしまった斜面は、(一部の崩壊し損ねた不安定な土塊を除いて）前回崩壊したために勾配が緩くなるなど以前よりも安定しているでしょう。よって50㎜では崩壊しないでしょう。崩壊しなかった斜面は、50㎜の降雨に耐えられる斜面ですから、1ヶ月で斜面が弱体化していない限り崩壊することはありません。だから、一度経験した降雨では崩壊しないと予測されます。この考え方を適用すれば、一度経験した降雨では災害の発生する確率は大幅に低くなると言えます。これを履歴順位といい、気象庁では、土壌雨量指数の検討段階でこの考え方を用いました。現在では、土砂災害に関する専門家は、何年に一度の降雨という確率降雨の考え方が、土砂災害の発生に関係していると考えています。

気象庁は過去20年分のレーダーアメダス解析雨量を用いて過去50年に一度の大雨という指標を計算しています（大雨特別警報）。今回、20年分の岡山県の地上雨量データを用いて確率降雨量を計算しました。確率降雨量の算定方法については、水文関係の基準書などにいくつかの方法が示されていますが、本書では岩井法を用いて全観測所で計算しました。全観測所の確率降雨量を計算し、確率年ごとに平均値を求めました（表６・１）。時間雨量、総降雨量および土壌雨量指数値について整理しました。時間雨量30㎜は２年確率で発生します。２年確率とは2年に1度、30㎜を超える降雨があるということです。

表６・１において2年確率降雨は、確率年を１／２としました。50㎜は約20年に1度の割合、60㎜はちょうど50年に1度の確率で発生します。総降雨量は２７０㎜がちょうど20年に1度の割合として計算されました。岡山県では50㎜の降雨があることはたいへんまれな現象であることがわかります。例えば、過去20年間で最大時間雨量を記録（表４・５）した高瀬川ダムの１／50確率降雨量は、１１２・２㎜が計算されています。１９９８年の豪雨は、それ以上の強い雨を記録したことになります。一連降雨の最大値（表４・２）を記録した大ヶ

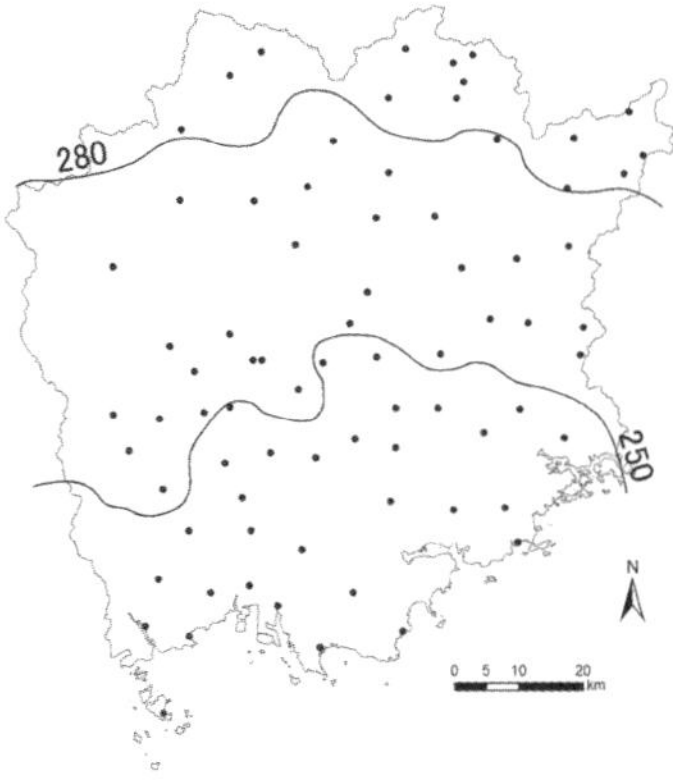

図6.1　岡山県の確率降雨量
（総降雨量50年確率）

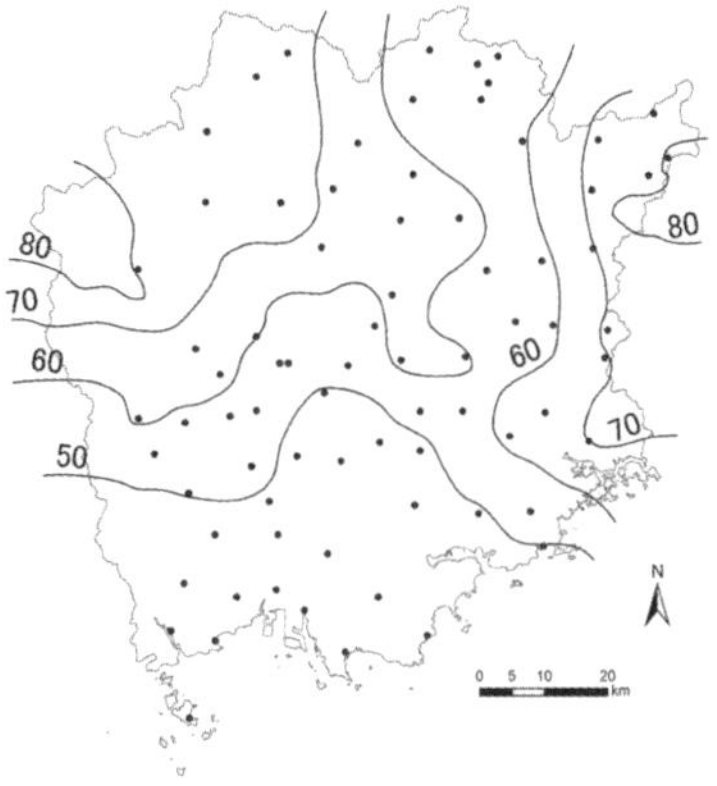

図6.2　岡山県の確率降雨量
（時間雨量50年確率）

山の1／50確率降雨量は、491・8㎜となり、436㎜の降雨があった2011年の降雨は1／25確率降雨量となっています。

また、図6・1および図6・2には、50年の超過確率を示す等確率降雨線を作成しました。ただし、この等確率降雨線は、かなり滑らかになるように計算しました。先ほどの高瀬川ダムや大ヶ山のような記録的な大雨を経験した箇所の極値が出ることなく滑らかに補正していることに留意してみてください。図6・1は一連降雨の総降雨量を基に等確率降雨線を作成しました。南部が少なく北部が多い傾向は、他の計算結果と同じですが、南部で約250㎜、北部で約280㎜とあまり変化はないようです。年間降雨量は北部が南部の2倍程度多いけれども1つの雨の総降雨量にはそれほど大きな違いはなさそうです。続

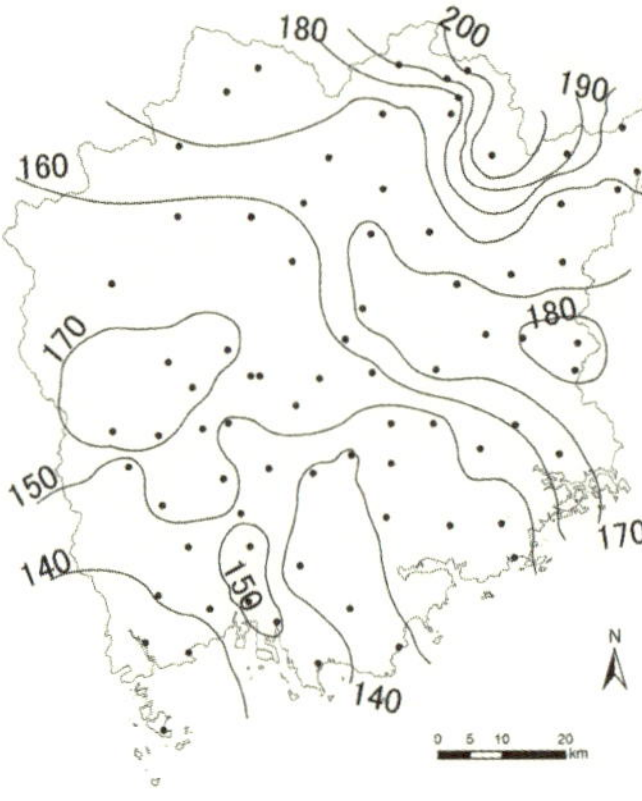

図6.3　岡山県の確率降雨量
（土壌雨量指数50年確率）

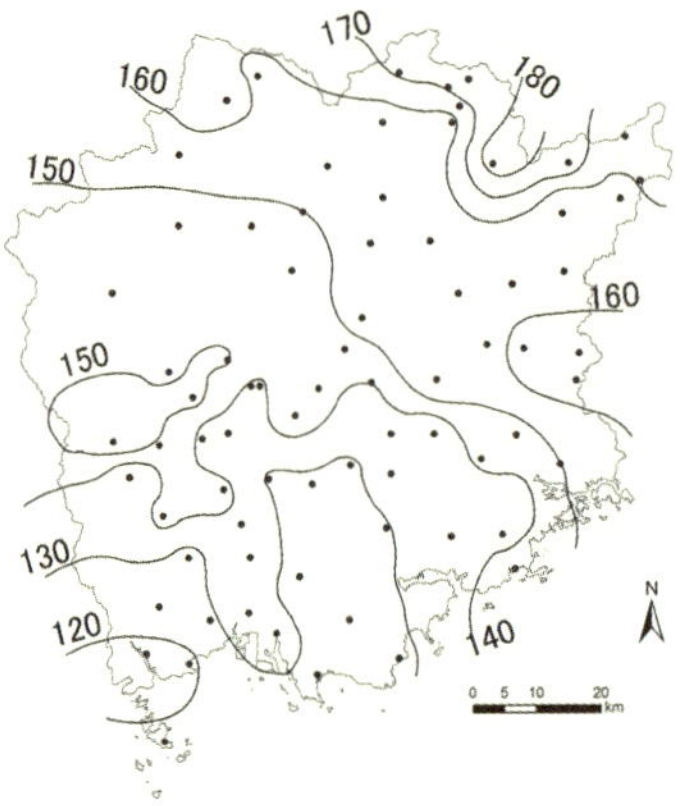

図6.4　岡山県の確率降雨量
（土壌雨量指数20年確率）

いて時間雨量について、50年の超過確率降雨線を図6・2に示しました。こちらは年間降水量の傾向とは異なる傾向が見られます。津山北部の最も降水量の多い地域の確率降雨が60㎜よりも小さくなっています。岡山市東区から津山を超えて鳥取県の県境まで60㎜の超過確率降雨線が南北にのびています。県の北西部に関しては、年間降水量と同様の傾向となっています。津山北部の鳥取県との県境付近の年間降水量は、最も多い地域ですが、1時間雨量が極端に大きな降雨はなく、周辺地域と同じ傾向を示しています。

　岡山県で非常に激しい雨（表6・1：時間雨量50㎜以上）が降る確率は、20年以上の超過確率で現れる非常にまれな現象です。もし60㎜を超過することになれば、過去に経験していない降雨であり、同時多発的に土砂災害が起きても不思議ではありません。それは図２・６で紹介した土石流災害（この時の最大60分間雨量は63㎜）が発生したことでも明らかです。

図６・３には土壌雨量指数の50年確率降雨量、図６・４には20年確率降雨量を計算しました。微細な相違はありますが、約10㎜の違いでほぼ同じ傾向を示しています。20年確率雨量は、基データも同じ期間ありますので、信憑性が高いです。20年のデータから50年の確率降雨を予想するのは難しいと思っておりましたが、気象庁においても実際に検討されており、図６・３と図６・４を比較しても、傾向が類似しており、特別おかしな結果とはなっていないと考えています。

本章では、確率降雨量について説明しました。確率降雨の観点から、岡山県では50年確率降雨（時間雨量60㎜かつ総降雨量３１６㎜）を記録すれば、表１・１や図１・２より中国地方で災害が発生する雨量に相当します。逆に言えば、50年に１度このような豪雨が発生することを意味しています。そしてこの20年は、ほんの一部の観測所を除いてそのような豪雨は発生していません。岡山県でも広島災害、防府災害で経験した豪雨は、50年に１度程度の確率で発生することが想定されています。岡山県では甚大な災害につながる豪雨がないのではありません。たまたまこの20年間で経験していないだけです。岡山県においてもこのような豪雨が想定されていることを知ってほしいと思います。

写真7.1　ソフト対策（左）とハード対策（右）

7　土砂災害で大切な人を失わないために

近年、特に中国地方では毎年のように大きな土砂災害が発生し、甚大な被害がでています。土砂災害防止法が施行されて、土砂災害を抑止する対策（ハード対策　写真7・1右）から、土砂災害の発生によって命を失わないよう、あらかじめ災害を避ける対策（ソフト対策　写真7・1左）を加えた総合的な対策が取られています（図7・1）。現在も土砂災害の発生の恐れの高い土砂災害危険箇所に対してハード対策が実施されています。しかしながら、危険箇所の増加のスピードが速いため、危険箇所を完全に対策し災害を抑止するには、相当な時間を必要とします（図7・2）。そして、ハード対策は行政が実施するものであって、私たちが実施するものではあり

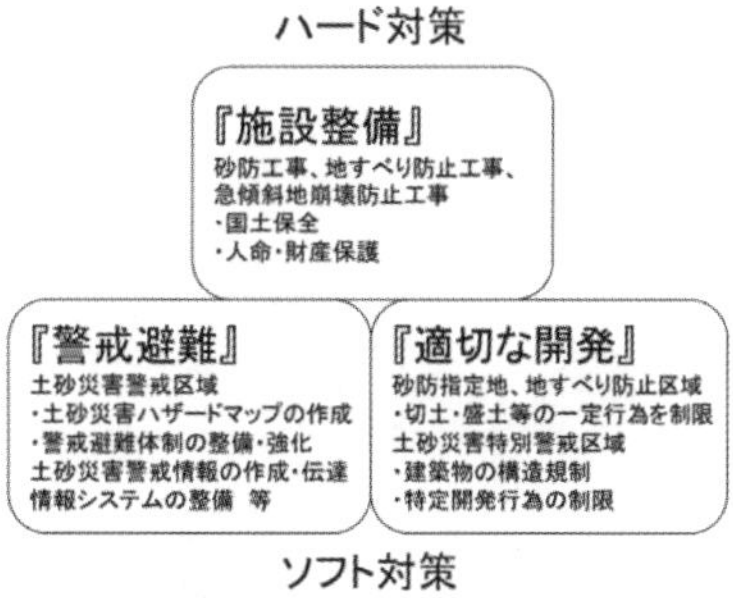

図7.1　総合的な土砂災害対策

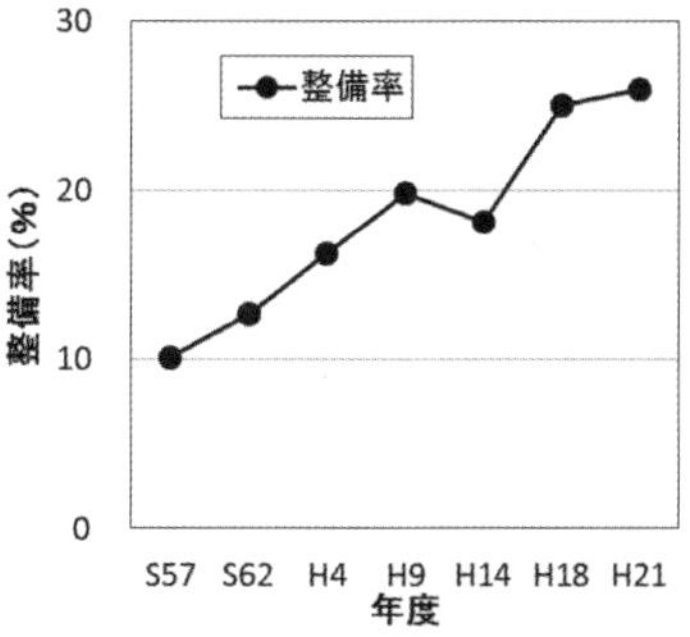

図7.2　急傾斜地崩壊危険箇所に対する整備率

ません。

土砂災害防止法が施行され、10数年経ちますが、当初の目的を達成しているかといえば、まだまだ足りていないと実感します。ソフト対策について、まだまだ一般住民の理解が行き届いていないのがその原因です。本章では、読者のみなさまあるいはみなさまの家族や友人、周辺の人たち等大切な人たちを失わないために、何をすればよいのかについて、前章までの災害の経験や少しばかりの知識を基に、誰もができる土砂災害対策について述べたいと思います。

では、読者のみなさまに質問したいと思います。

「土砂災害で大切な人を失わないためになにをしますか？」

講義や講演に行ったときに問いますと次のような回答が返ってきます。

「いつ避難すればよいか決めておくこと」

図7.3　今いるところは安全か調べましょう

「どこに避難すればよいのか決めておくこと」
「誰と避難するのか決めておくこと」
「どのように避難するのか決めておくこと」
いつ、どこに、だれと、どのように、という5W1Hで表される基本行動です。どれをとっても正解です。「何をしますか」という問いに対して、豪雨時にどのような行動をとればよいのかという準備に考えが集中するのはごく自然なことだと思います。しかし、私はその前にぜひやってほしいと思うことがあります。

それは、

【今いる場所（住んでいる場所）はどのような場所なのかを確認すること】

です。

ここから、一般のみなさんが実施できる土砂災害対策について、私の考えを順序立てて説明したいと思います。

図7.4　土砂災害に対する警戒避難？？？

1　今いるところはどのような場所なのか

まず、最初に調べてほしいことです。今すぐにできることです。今みなさまがいる場所はどのような場所でしょうか。大切な方々はどのような場所にいますか。学校はどうですか。職場はどうですか。この点について考えていない方が大変多いと実感しています。土砂災害は、斜面や山などの勾配があるところで発生します。今いる場所よりも高い場所に土砂があるからこそ、崩れたり、流れたりするのです（お住まいになっている建物が崖の上ぎりぎりにあれば、地盤が家とともに崩れるということはありますが）。つまり、自分は土砂災害に対して対策を取らなければならないのかという点をはっきりさせることが、誰もができる土砂災害対策において最初に考えることです。

例えば、岡山県で言えば、岡山市南区や玉野市の児島湾干拓地の真ん中に自宅があるとします。この自宅にお住まいの方が土砂災害の対策を行う必要があるでしょうか。全くありません。どう考えても土砂が自宅まで流れてこないからです。この方は土砂災害対策よりも浸水や地震、津波、液状化等の災害に対して考える必要があるでしょう。

極端な事例で紹介しましたが、このような場所はどこにでもあります。では、どの斜面が危険なのか？　これを判断するにはプロの技術者がそれなりの予算をかけて詳細な調査を実施する必要があります。しかし、今回はそこまでする必要はありません。国が土砂災害の危険性の高い場所はすでに定義しており、プロの技術者が調査した結果が防災マップとして公開されています。岡山県の場合はインターネットで「おかやま全県統合型ＧＩＳ」に掲載されています。他の都道府県にも同類の防災マップが掲載されています。「おかやま全県統合型ＧＩＳ」に掲載されている防災マップには、土砂災害危険箇所、土砂災害警戒区域、土砂災害特別警戒区域などが記載されています。土砂災害が発生した時の土砂の推定氾濫範囲まで記載されておりますので、ご自宅や学校等がその領域に含まれているか確認してください。これらの危険箇所は、土砂災害の危険度が高い箇所ということですから、事前の対策が必要となるのです。

ここでちょっと専門用語について説明しておきます。まず、「土砂災害危険箇所」とは、土砂災害が発生しやすくかつ甚大な被害が想定される場所を指します。起こると予想される災

図7.5　がけ崩れ

図7.6　土石流

害の形態によって、「急傾斜地崩壊危険箇所」「土石流危険渓流」「地すべり危険箇所」の3種類に分類されます。これは土砂災害は急傾斜地の崩壊、土石流、地すべりの3種類に分類され、災害が発生する場所、形態、被害範囲等大きく異なるために分けて考えているからです。

　まず、急傾斜地の崩壊とは、一般的には「がけ崩れ」と呼ばれる現象で、がけの土砂が崩落するあるいは石が転落する現象をいいます（図7・5）。このような「がけ崩れ」による災害の危険性の高い箇所を「急傾斜地崩壊危険箇所」といいます。

　続いて「土石流」ですが、がけ崩れと異なり、渓流と呼ばれる谷で発生します（図7・6）。谷の上流から降雨等の水と谷にたまっている土砂が同時に流れ下り、自動車と同じくらいの速度で、谷の出口に土砂を供給します。その谷の地質や土砂の種類によって、数mの巨礫や倒木とともに流れ下ります（土石流とともに流れ下る木は流木と言われています）。そのため、土石流に襲われると木造建築は破壊され、流されるくらいの破壊力を持ちます。土石流の危険性が高い渓流を「土石流危険渓流」

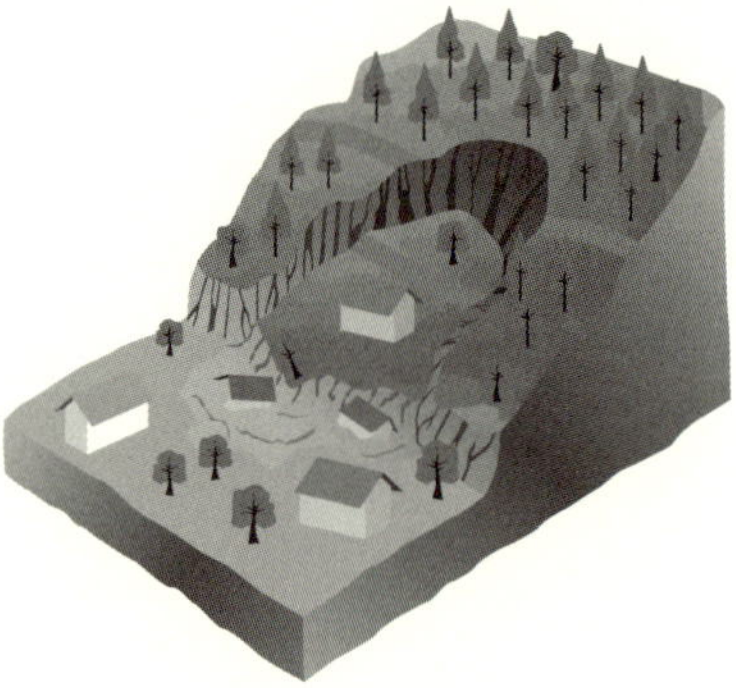

図7.7　地すべり

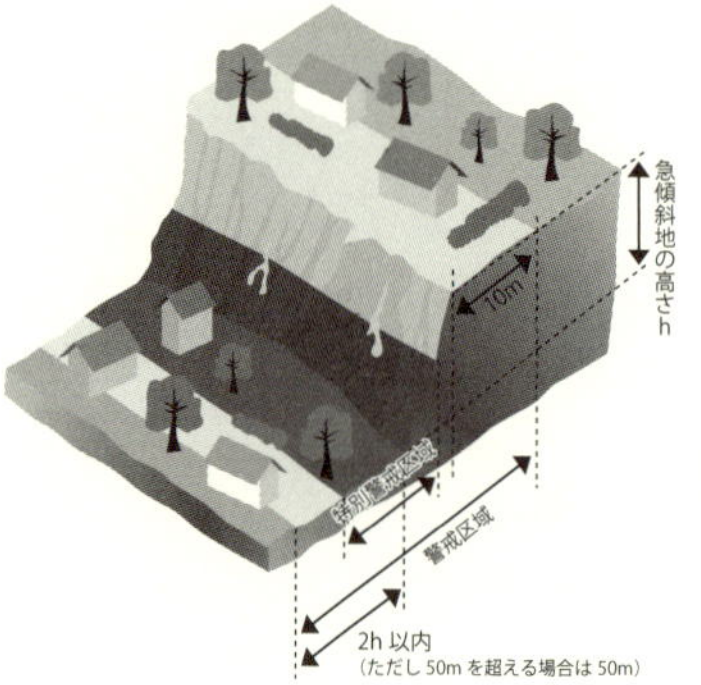

図7.8　急傾斜地における警戒区域

と呼びます。

最後に「地すべり」ですが、読んで字のごとく地面がすべる現象をいいます（図7・7）。緩やかな山の斜面の下の地盤に公園のすべり台のような面（これをすべり面といいます）ができ、その上に乗っている地盤がすべり面の上をすべるように地盤を流してしまう現象です。この現象はある特定の地盤で発生する現象であり、特徴的な地形を示します。このような場所は「地すべり危険箇所」と定義され、十分に注意する必要があります。

これら「土砂災害危険箇所」は全国で50万箇所以上指定されており、防災対策もこれらの地域から優先的に実施されています。近年では、専門技術者が集中的に土砂災害危険箇所を調査（基礎調査といいます）し、「土砂災害特別警戒区域（レッドゾーン）」と「土砂災害警戒区域（イエローゾーン）」を定義することになっています（図7・8〜図7・10）。

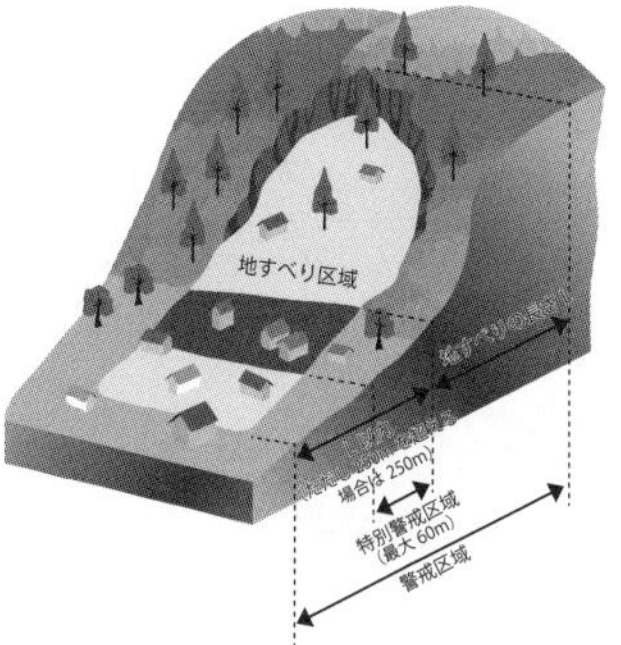

図7.10　地すべり地における警戒区域

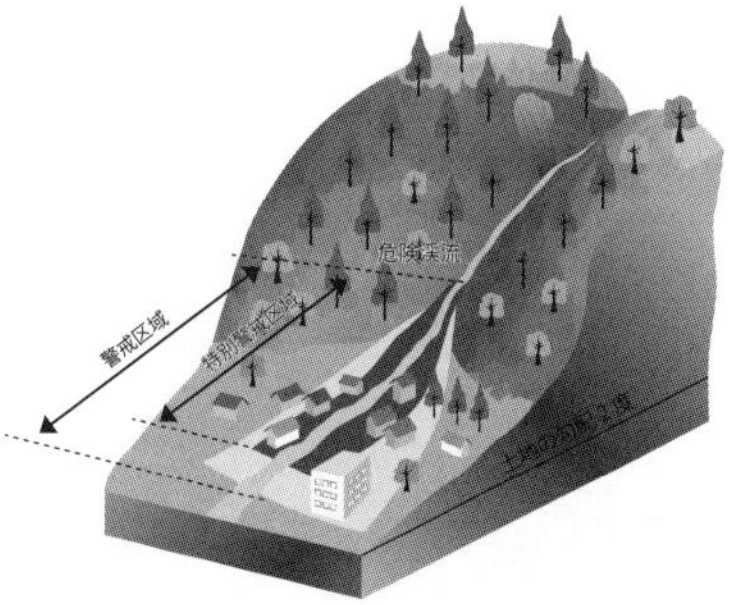

図7.9　危険渓流における警戒区域

「土砂災害特別警戒区域（レッドゾーン）」に指定された地域は、災害が発生した場合に、建築物に損壊が生じ、住民に著しい危害が生じる恐れがある区域と定義されています。すなわち、土砂災害に対して最も対策を講じなければならない地域であると言えます。ひとたび災害が発生すれば、この建築物にいること自体命の危機にさらされているということです。

続いて、「土砂災害警戒区域（イエローゾーン）」です。こちらは、レッドゾーンの外側を取り巻く形で分布しています。土砂災害の発生によって影響を受ける恐れがある地域と考えてよいでしょう。建築物の著しい損壊が生じる可能性は極めて低いが、土砂災害の被害は受けるということです。こちらも十分な対策が必要ですが、必ずしもレッドゾーンの方とは同じ対策である必要はありません。あらかじめ危険な場所は公開されていますので、この地域にご自宅や、学校、職場等が含まれているのかを確認しましょう。

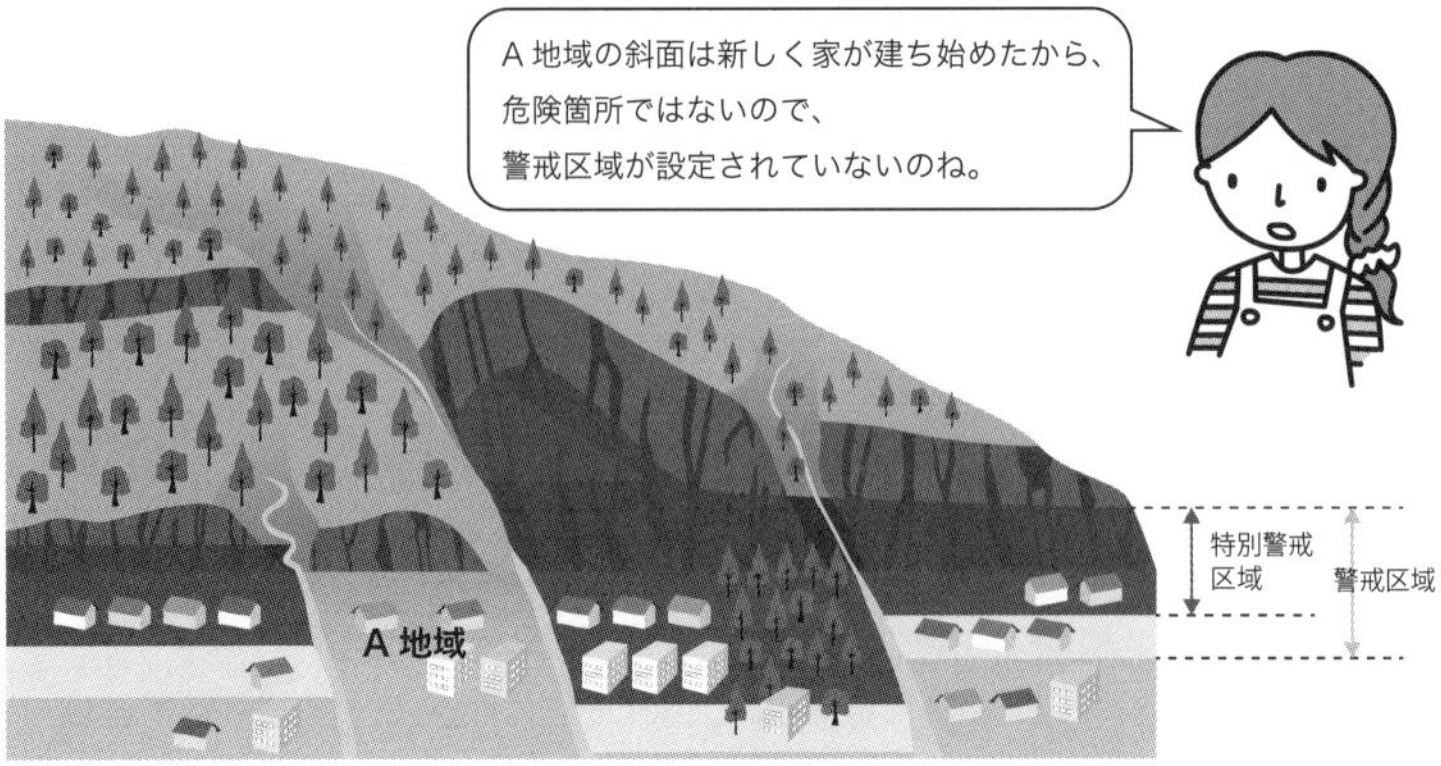

図7.11　警戒区域に含まれていない危険な箇所（斜面上方の警戒区域は省略）

次のステップですが、私が一番懸念しているのはこの視点です。それは、上記の危険箇所の領域に含まれていないからといって安心してはならないということです（図7・11中のA地域）。上記の危険箇所の指定は、危険度が高い箇所の地形的・社会的条件を満たした箇所であるということであって、土砂災害危険箇所以外で土砂災害が発生しないと言っているのではありません。本節冒頭で示したとおり、土砂災害は、斜面や山などの勾配があるところで発生します。つまり、斜面や山に隣接した地域は防災マップで示されていなくとも災害が発生する可能性があるのです。

図7・12は、土砂災害危険箇所で災害が発生した割合を示した図です。土砂災害は、土砂災害危険箇所でない場所でも発生していることが分かります。この理由は明確です。全国には土砂災害危険箇所が50万箇所以上ありますが、土砂災害危険

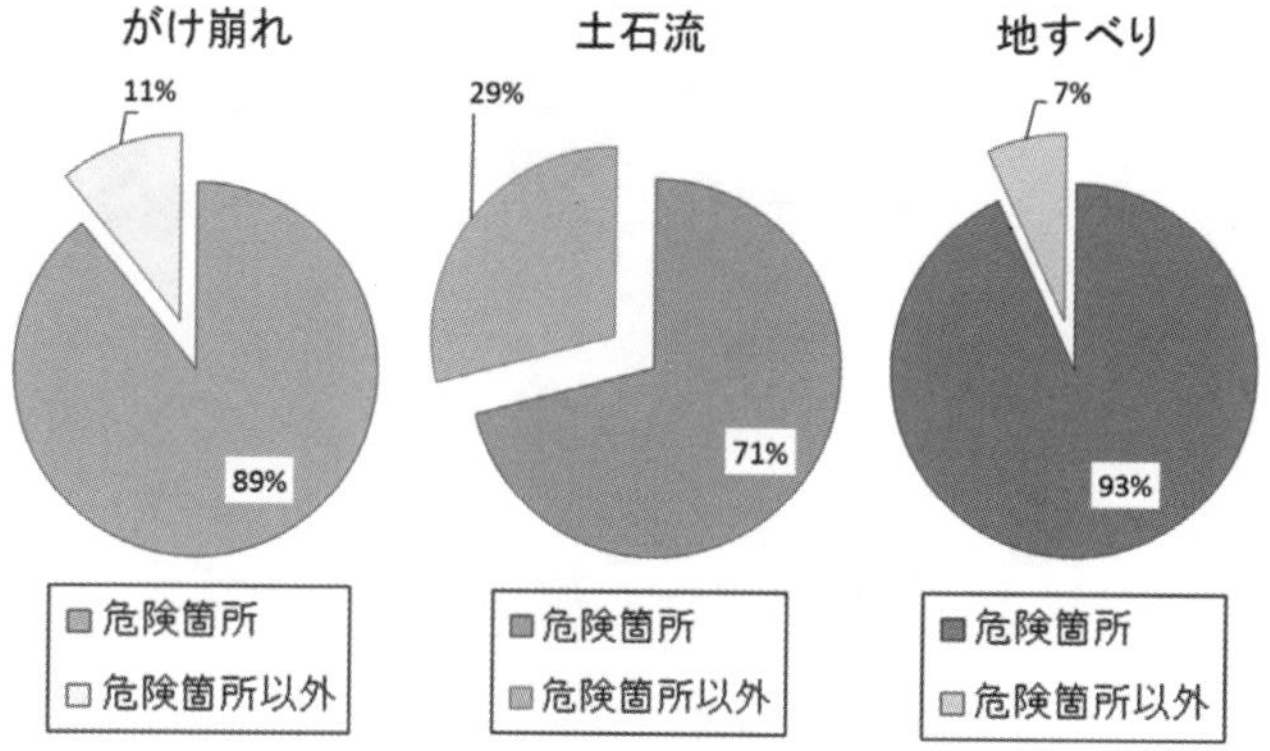

図7.12　土砂災害危険箇所における災害発生割合
（平成16年　国土交通省検討会より）

箇所として指定されていない斜面や渓流の数は、その数をはるかに超えるからです。このデータは、土砂災害危険箇所でない場所でも土砂災害が発生することを示しており、土砂災害に対する対策が必要というメッセージを発信しています。

では、「土砂災害危険箇所と定義されていなくて、危険な箇所はどこなのか」ということを誰もが考えると思います。結局専門家に頼らなければならないのであれば、残念なことです。私たちが判断できることはないのでしょうか。それをこれから紹介したいと思います。それは、過去の災害の経験を活かすことです。昔の人たちも起こった災害の経験を活かしてきました。例えば、昔は河川の治水が十分でなく浸水被害が多発していました。しかし、その経験を活かして、浸水しない微高地である自然堤防上に居住することで被害を軽減しました。私たちも同じようなことができないでし

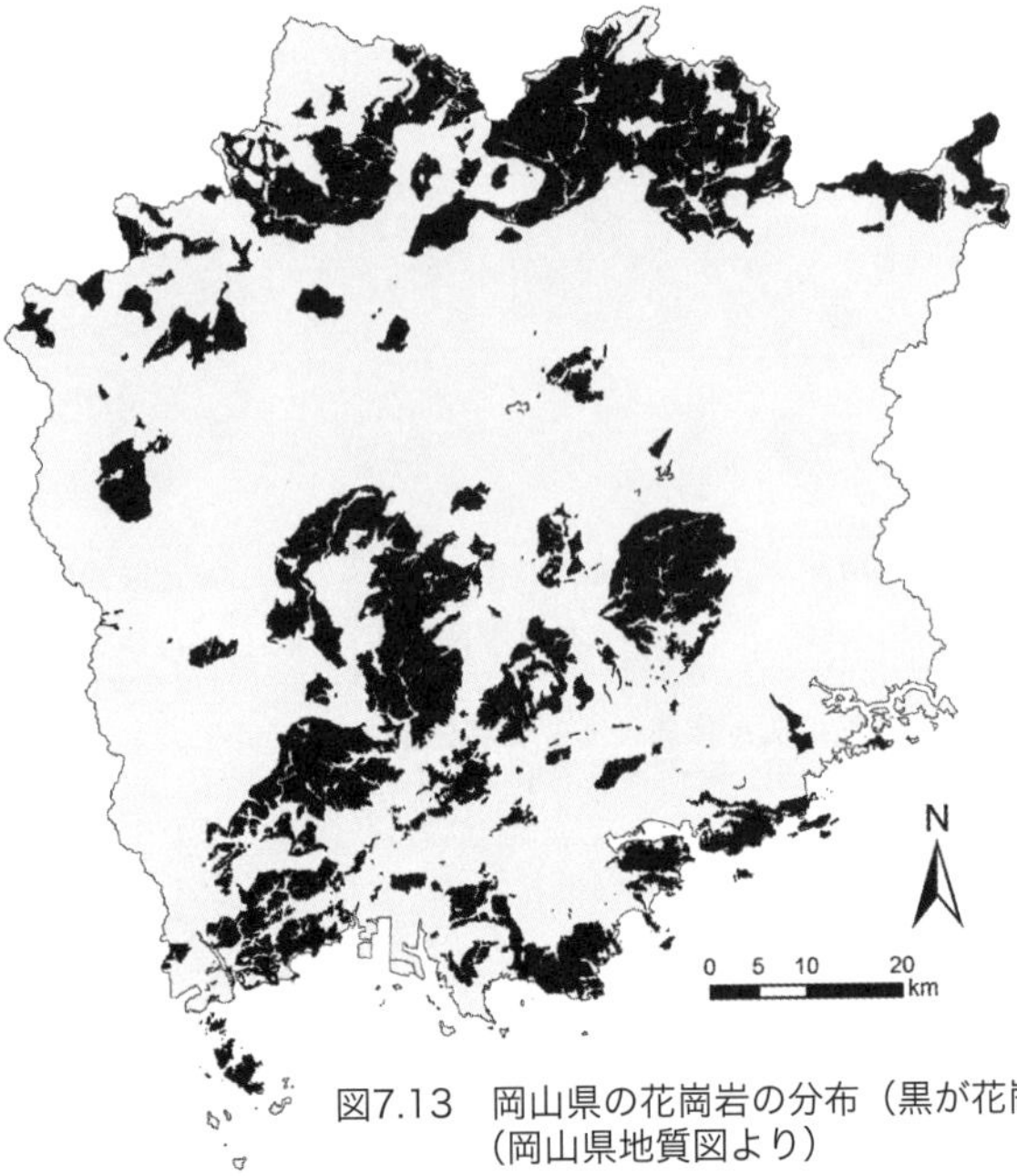

図7.13　岡山県の花崗岩の分布（黒が花崗岩）
（岡山県地質図より）

ょうか。

ここでは、土砂災害の危険度のヒントとなる視点をいくつか紹介します。これは地図を見るとある程度把握できるので、ぜひ確認してみてください。

①花崗岩の山地はとくに崩れやすい

第1章で中国地方の甚大な土砂災害はその多くが花崗岩地域で発生しており、降雨量が非常に少なくても災害になることを示しました。中国地方の花崗岩類は地表面から風化が進行し、大きく風化層（マサ土と呼ばれます）と新鮮な花崗岩（基盤岩）

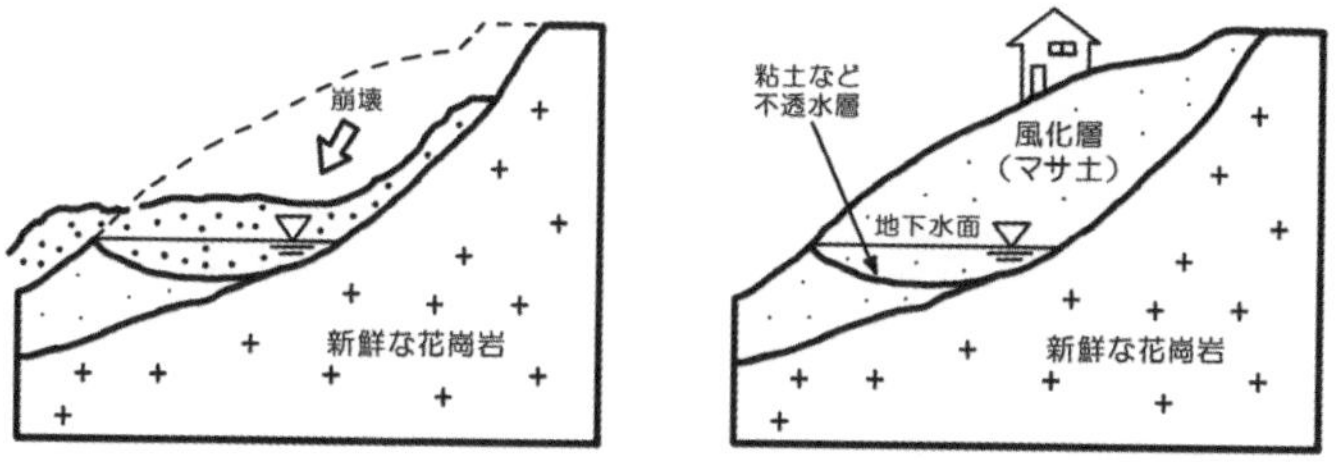

図7.14　崩壊メカニズム（右：崩壊前、左：崩壊後）

に分かれます（図7・14）。また、風化が進むと薄い粘土の層をつくります（写真7・2）。粘土は粘土細工と同じく水を通しにくい性質があります。そこに雨が降ると降雨起源の地下水が風化層と基盤岩の境界上面や粘土層に沿って流れます。図7・14右図に示した円弧のような形状の弱い部分（すべり面や弱線といいます）に粘土層が発達し、地下水の流れを阻害すると、地下水面があがります。地下水面が上昇すると風化層は水に浸るので、浮力が働きます。ちょうどお風呂やプールに入ると体が軽くなる感じをイメージしてください。斜面下方は斜面上方からくる（つまり崩れる方向に働く）力に抵抗してバランスを保っています。ところが地下水面が高くなると、浮力が働くことで抵抗する力が小さくなり、崩れてしまいます（図7・14左図）。この図はかなり極端な表現となっていますが、崩壊現象の基本的な考え方です。

花崗岩は風化層と基盤岩の間に難透水層を作りやすく、かつ風化層は透水性が高いため、崩壊が発生しやすい地質であると言えます（写真7・2）。水を通しやすく大変崩れやすい地質で

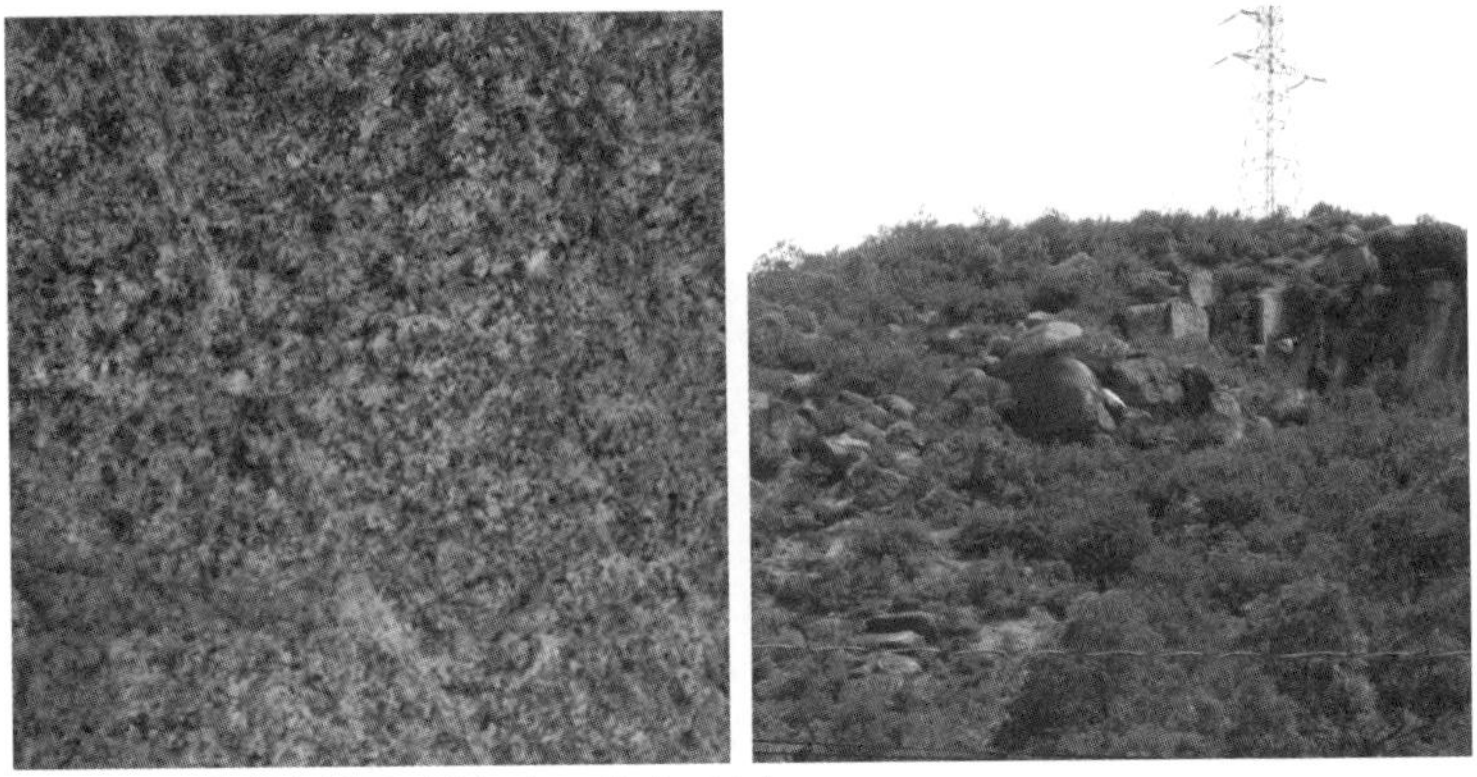

写真7.2　花崗岩斜面（右）とマサ土（左）

すから、居住地域周辺の高地の地質が花崗岩であれば、注意が必要です。地質図については、国立研究開発法人　産業技術総合研究所のページにある地質図Ｎａｖｉ等で全国各地の地質が確認できます。岡山県も多くの地域が花崗岩と評価されています（図７・13）。空中写真と重なって表示されますので、私たちの自宅の位置も容易に確認できるようになっています。

②地形にも災害の形跡が残っている

災害が発生したところは、その後どのようになっているのでしょうか。都市部で土砂災害が発生したならば、すぐに土砂は片づけられて、元通りに戻されます。しかし、人のいないところ、もしくはひと昔前では、そのままになっていました。土石流であれば、渓流の出口から土砂が流れ出て、そのまま堆積します。たった１度の災害では、大した量の土砂は流れ出ませんがこれが同じ地域で続けばどうなるでしょうか。谷の出口

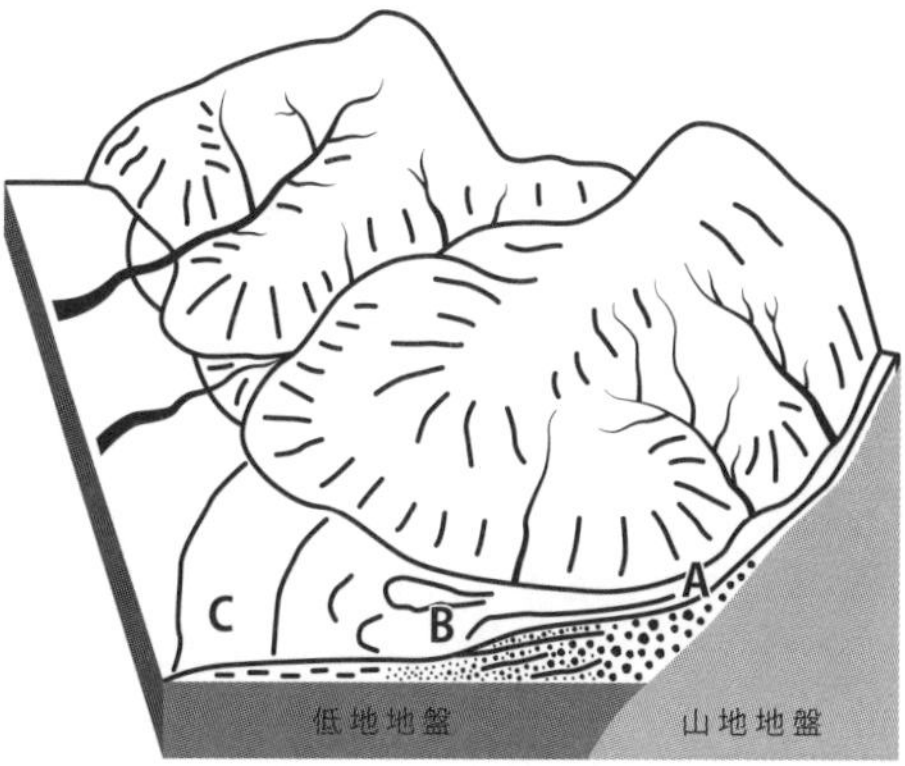

図7.15　土石流地形

には膨大な土砂が堆積し、土石流地形ができます（図7・15のA‐B‐C）。3Dで示された図7・15の手前側の断面には土石流地形の断面図が見えます。山地地盤と低地地盤に対して、谷出口（図中A）では、谷から流れてきた土砂が堆積している状況がわかります。土石流が繰り返し発生したことで、砂の粒の大きさも不明瞭にかつ複雑に堆積していることがわかります。堆積土砂の末端（図中C）にかけて堆積した砂粒が細かくなっていることも表現されています。このことを理解しておけば、谷の出口から山の傾斜よりも緩やかな斜面が広がっている情景や地形図を見たとき、この地域は昔から土石流が頻発している地域だと判断できます。そして、今後も土石流は発生し続けると考えることができます。このような地形は、過去の災害経験をものがたり、今後災害が発生する可能性を測る一つの指標になります。

急傾斜地においても、斜面直下に土石流地形と同様

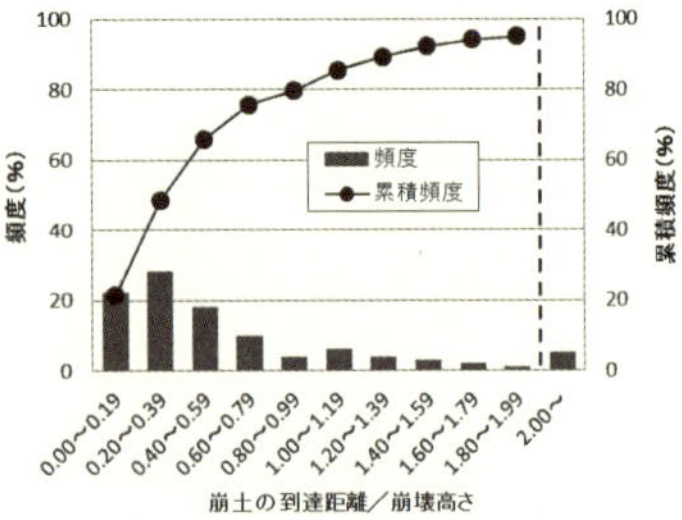

図7.16　崩土の到達距離と崩壊高さ
（国土交通省資料より）

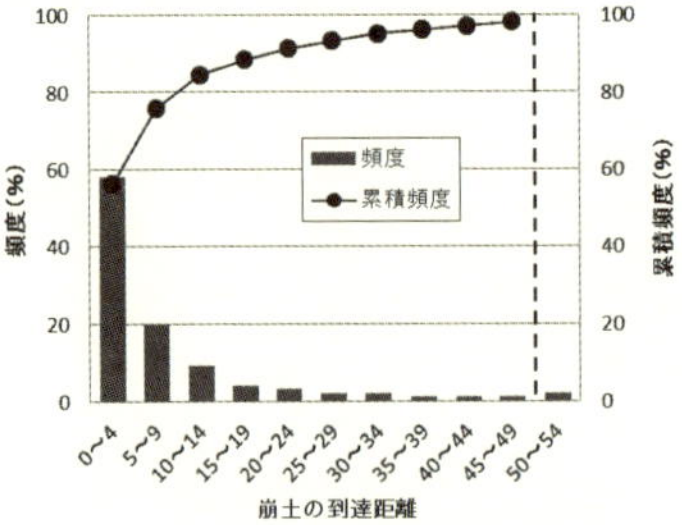

図7.17　がけ崩れの崩土の到達距離
（国土交通省資料より）

に崖錐地形が形成されます。イメージは土石流地形と同様に考えてよいと思います。

　また、がけ崩れに関してはおもしろいデータがあります。図7・16にがけ崩れの崩土の到達距離と崩壊高さのデータを示しました。崩土の到達距離／崩壊高さが2・0を下回る確率が96・2％となっています。このことから斜面直下に居住し、かつ土砂災害警戒区域などが指定されていない場合は、斜面高さを測ることで、その2倍の水平距離以上斜面から離れていれば、災害に遭わなくて済むことになります。図7・17には崩土の距離を計測した結果を示しました。崩土は50m未満でほとんど停止しています。

　このことから、もし、家の裏山が土砂災害警戒区域に指定されていなければ（例えば図7・11中のA地域）、地形図を確認するか、自ら現地をおおよそでよいので測量し、上図のパターンに当てはめて、安全な場所かどうか確認してください。急傾斜地崩壊危険箇所における土砂災害警戒区域（図7・8）は、この傾向を用いて設定しています。

③谷部に入り込む土地や谷出口は危険度が高い

土砂災害の中でも甚大な被害を及ぼす災害は土石流です。土石流は、水（降雨）と土砂が同時に谷を流れて下ります。もし、その谷に居住していたらどうなるでしょうか。想像に難くないと思います。谷を出ると流れは拡がり速度が落ちることで、重い巨石から動かなくなって堆積します。よって、谷の出口から離れるほど土石流のエネルギーが小さくなり、被害が軽減されます。このことは、谷出口の地形から読み取ることができます。

図7.18　谷出口は危険

この視点から考えると、狭い谷部に入りこむ土地は、大変リスクが高い土地であると考えることができます。土石流の流下スピードが圧倒的に速いので、破壊力は絶大です。広島災害でも死者・行方不明者の多くは谷部あるいは谷出口に居住した方々であったことが、災害後の調査で報告されています。谷の出口がどこにあるのか、土石流が発生した時、どの方向に土石流が流れるのかを考えてください。土砂災害特別警戒区域と土砂災害警戒区域の設定にはこの考え方を科学的に計算して区域設定しています。たとえば、土

図7.19　地形を見て土石流の流下方向を推定

砂災害危険箇所でない地域の判断を行う場合、谷出口からどのくらい離れたら大丈夫なのかと心配になった場合は、周辺の地形が類似した土砂災害警戒区域の範囲を参考にしてもよいかもしれません。

広域な宅地造成地にお住まいの方は、平坦に造成されていますので、よく見えてこないかもしれません。しかし造成地の中でも標高の高い側には山があり、谷があります。その谷に尾根付近から水を流したらどのように移動するかを考えれば、土石流の流れに類似します。

これらの3つの視点は、誰でも検討することができます。もちろん正確さは劣りますが、昔の人たちのように過去の災害を踏まえて今後の対応を考えることは大切だと思います。どの位置に居住するかで、土砂災害に対するリスクが大きく変わります。今昔の地形図をよく見て判断してください。

本節は「今いるところはどのような場所なのか」を明確にすることの大切さを述べました。再度述べますが、ここで全く土砂災害の影響がないと判断した方は、この後に説明する対応が全く必要ないということです。しかし、ご自身が大丈夫であったと1人で喜んでばかりはいられません。両親、子ども、親戚、友人などみなさまそれぞれに大切な人はいらっしゃいます。誰一人として失いたくはありません。そのような気持ちでいらっしゃるなら、大切な人の状況も自分と同じように調べるでしょう。そして、もし土砂災害危険箇所や、山際で土砂災害の発生可能性のある斜面や渓流（谷）が近くにあったならば、アドバイス等をあらかじめ行うことは大切です。このことが、土砂災害で大切な人を失わない第一の方法なのです。

2 「いつ」行動するのか

前節で、土砂災害の危険な場所が周りにあると判断した場合は、次いで考えるべき内容が本節です。「いつ避難準備して」「いつ避難するのか」ということもあらかじめ決めておきましょう。決めておかなければ避難のタイミングを失います。図7・20は、被災者がどこで被災したのかを示した図です。

土砂災害は、他の気象災害と比較して圧倒的に屋内での被災が目立ちます。このことから、最も避難を考えなければならない災害です。では、いつ避難すれば最も効果的なのでしょうか。私は、ご自宅が危険な地域にある方に対して、「大雨警報の発表時」と答えます。その理由をいくつか述べましょう。

①避難所へ避難することができる限界である

大雨警報が発表されるということは、降雨が激しくなっている場合が多いです。避難行動をとる限界ではないかと思います。土砂災害に関しては最上位警報である土砂災害警戒情報がありますが、この警報は本当に危険な状況になって発表されるため、避難ができない恐れがあります。

②大雨警報発表後に災害が集中して発生している

大雨警報が発表された後に土砂災害（特に土石流）が多数発生している実績があります。第2章でご紹介した甚大な土砂災害のいずれも大雨警報が発表された後に被災しています。また、甚大な土砂災害の場合、気象台は早めに大雨警報を発表しています。第2章でご紹介した災害も大雨警報発表時には、まだそれほど大きな降雨にはなっていません。

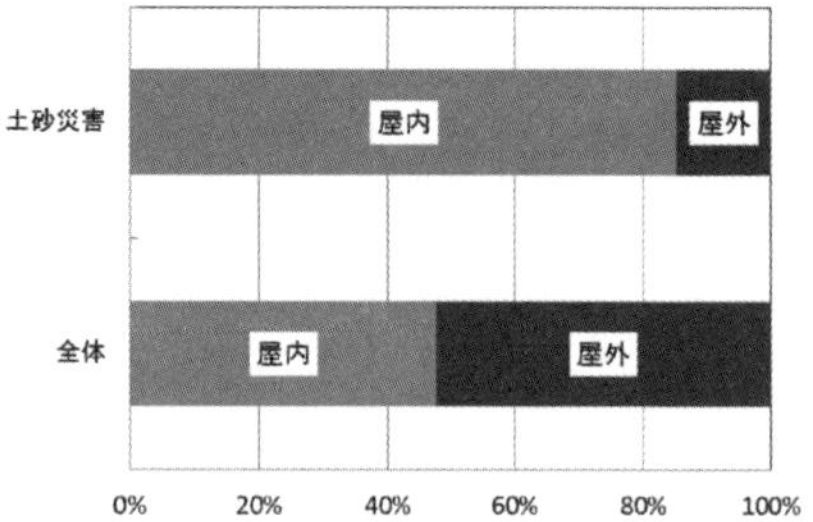

図7.20　屋内での被災割合（内閣府資料より）

③気象庁が「危ない」と言っている

気象庁が「大雨による重大な災害が発生するおそれがあると予想したときに発表します。」といっているのです。素直に聞いて損はありません。気象庁は、気象災害に関して最も知識が集中した組織です。英知を結集して、土砂災害の発生予測を行い、危険と判断したため情報を提供したのです。土砂災害関連でこれほど説得力のある情報はありません。また、今後の予想ですから１００％当たるはずがありません。必ず外れるものです。ご自身のところは外れても数㎞離れた他地域で当たっているかもしれません。気象予報は、図５・1で示した通り地域単位で発表されますから、隣接の自治体では大雨になっているかもしれません。大雨警報が出て被災しなければラッキーです。被災する可能性が高かったのに外れたのです。

④発表回数が少ない

何度も発表されてしまえば、避難するのがおっくうになると思います。私もうんざりするでしょう。しかし、この大雨警報は、岡山市の場合、年間3回という頻度であるため、避難しやすい頻度だと思います。1年に数回の大変危険な時と考えれば、対応できるのではないでしょうか。

⑤天気予報でもおなじみであり誰もが知っている

土砂災害警戒情報、記録的短時間大雨情報等様々な気象情報がありますが、認知度が低いです。また、このような情報に対して十分に理解していなければ、発表されてもどうすればよいのか迷い、混乱することもあるでしょう。しかしながら、大雨警報は、実績も十分で、昔からなじみのある警報です。この誰もが知っているという点は、ソフト対策において最も重要な要素であり、大雨警報はそれを満たしています。

⑥大雨注意報を避難準備のタイミングとして利用できる

大雨警報が発表されるタイミングで避難行動に移すのであれば、その準備が必要となります。大雨警報には、その事前に大雨注意報が発表されますので、大雨注意報が発表されたタイミングで避難準備を始めるのがよいと考えます。

これらの点から、私は大雨警報という情報が避難するにふさわしいタイミングであると考え、みなさまにお伝えしています。これに対して、避難勧告が出されるタイミングは土砂災害警戒情報の発表が一つの目安となります。土砂災害警戒情報の定義として、気象庁は「大雨警報（土砂災害）が発表されている状況で、土砂災害発生の危険度がさらに高まったときに、市町村長が避難勧告等の災害応急対応を適時適切に行えるよう、また、住民の自主避難の判断の参考となるよう、対象となる市町村を特定して警戒を呼びかける情報で、都道府県と気象庁が共同で発表しています。」と記載しています。土砂災害警戒情報の基準の設定方法は、第5章で示しましたが、災害が発生したときの降雨と発生しなかったときの降雨を分離する境界線です。基準を超過した時は、過去災害が発生したときと同じ状況であることを意味します。そこで、現在は数時間後の予測雨量を用いて、基準を超過するかを確認して土砂災害警戒情報を発表しています。情報の精度を向上させる最善の努力をしているのですが、その一方で、発表時にはかなりの豪雨になること、中国地方の災害では、情報発表前に被災した事例があるという欠点もあります。

私たちは、土砂災害で大切な人を失いたくはありません。自分の人生において、とても大きなことですから、他人に任せたくないでしょう。そうお考えであれば、「いつ避難すべきか」という判断は、他人任せにせず、自分であらかじめ考えておきたいものです。もちろん、そのタイミングは、地域によって変わってきます。どのような対応を取るかによっても初動のタイミングは変わります。「専門家じゃないし、よくわからない」とおっしゃる方は、迷わず大雨注意報で準備を始めて、大雨警報を避難行動のタイミングとして使っていただければ、大半の土砂災害に適用できると思います。

最近は自治体が防災メールを運用しているところが多いです。岡山県でも「岡山防災情報メール」が運用されています。登録料は無料で通信料のみ必要です。岡山県の場合ですが、大雨注意報、大雨警報が発表されればすぐにメールが配信されますので、リアルタイムに現在の気象状況を把握することができる大変便利なサービスです。登録しておくべき便利なシステムだと思います。

本節は、「住んでいる場所に基づき避難行動を起こすタイミングを考えること」について述べました。災害時にスムーズに行動できるよう、事前の準備が必要です。行動を起こすタイミングについて家族で周知しておきましょう。

3　どこに避難するのか

図7・21は、土砂災害による被災者が、災害時にどのような行動をとっていたのかを示したものです。ひと目で被災者は、その大半が避難していなかった方であったことがご理解いただけると思います。避難していないのに被災したということは自宅にいて被災したことを示しています。先ほどの図7・20と併せて考えても一致した結果であることがわかります。このことから、屋内が安全な場所と考えることに問題があるといえます。とはいえ、大雨の中、避難所まで移動するにも相当な危険を要します。ここで、次の点を考えていただきたいと思

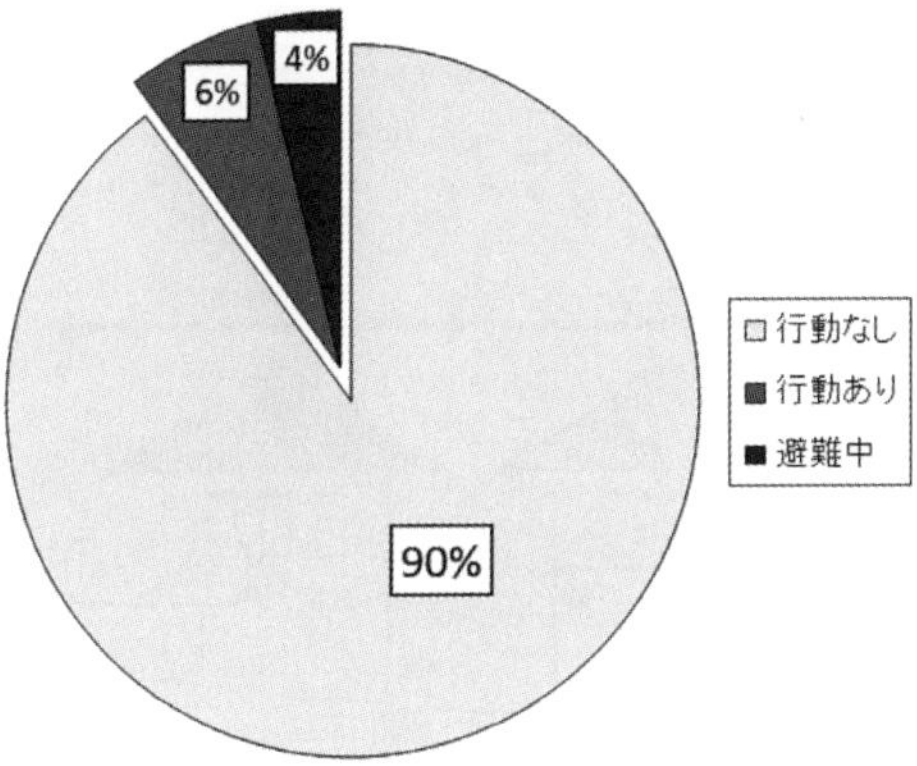

図7.21　被災者の避難行動の有無

います。

どこに避難するかという点において重要なのが、【1　今いるところはどのような場所なのか】という点です。この場所によって、全く対応が変わってくるからです（図7・22）。

まず、ご自宅が土砂災害特別警戒区域（レッドゾーン）にあるとします。土砂災害特別警戒区域（レッドゾーン）は、土砂災害を直接受ける場所であり、自宅の損壊が想定されることから、屋内にいること自体危険な行動であるといえます。よって自宅外に避難する必要があります。避難所の確認とそのルートの選定を事前に行い、ご家族で対応方針を周知しておくと、いざというときの支えとなるでしょう。また避難ルートが危険なルートを選定していないかチェックしましょう。

土砂災害特別警戒区域（レッドゾーン）に該当しなくても、ご自宅の裏山が急傾斜地である、谷

図7.22　どこに住んでいるかで対応が異なる

出口に位置している等、災害が発生した時大変危険な場所であると思われる（本章第1節をご確認ください）ときは、土砂災害特別警戒区域（レッドゾーン）に該当すると考え屋外への避難を考えることが大切です。

みなさまは「避難」というとどのようなイメージを持たれるでしょうか。「どこか安全な避難所へ移動する」ということを想定されると思います。かなり敷居の高い行動であり、実際に行動するかというと、なかなかできるものではないと考える方も多いと思います。「避難」とは、そのようなイメージを与える行動であると思います。しかしながら、「避難」行動の目的を考えると、「避難」という言葉の大げささを幾分和らげることができます。土砂災害特別警戒区域（レッドゾーン）あるいは、それと同様の地域にお住まいの方は、ご自宅が危険であり、それを避ければよいのです。無理に遠方の避難所へ避難する行動をとる必要はありません。土砂災害特別警戒区域（レッドゾーン）でないところに、移動すればよいのです。例えばいつも家族付き合いされているご近所さんのご自宅の位置が、土砂災害特別警戒区域（レッドゾーン）でなければ、ちょっとお邪魔してお茶する、あるいはひと晩泊めていただくといった行動も「避難」行動になります。1人暮らしの高齢世帯であれば、ご近所さんで最も安全な位置にある方の自宅に集合するのがいいと思います。台風等はあらかじめ危険な日が分かりますので、台風が来そうな日は集合日だと決めてもいいと思います。土砂災害特別警戒区域（レッドゾーン）とそれに準じる場所から離れれば、それで目的を達せます。ご近所、友人宅にお邪魔しづらければ、公民館、集会所に集合する等考えられる手立てはいくつもあります。「避難」と考えると、なかなか動けません。「移動」することそのものを、何か楽しみに変えましょう。

では、土砂災害警戒区域（イエローゾーン）に含まれる方はどうでしょうか。警戒避難態勢を取ることが求められます。しかし、私たちの行動で

図7.23　避難所で宴会

いえば、必ずしもご自宅から出る必要はありません。土砂災害特別警戒区域（レッドゾーン）はご自宅が損壊する恐れがありますが、土砂災害警戒区域（イエローゾーン）は、そこまでの危険性はありません。もちろん過信してはいけません。土砂災害特別警戒区域（レッドゾーン）に近接した場所であれば、想定災害を超過した災害が発生した場合、家屋が損壊する恐れがありますから、それに準ずると考えて、前述の対応をしていただきたいと思います。土砂災害警戒区域（イエローゾーン）では、ご自宅内で対応を取られるのがよいと思います。2階建ての家屋の場合は、1階で被災した事例がほとんどです。だから、まず2階に避難することがベターな案です。さらに、斜面と反対側の部屋に移動することも効果的です。斜面の方から土砂が流れてきますので、できるだけ離れることが身を守ることに繋がります。ここでも「避難」と記載しますが、2階に移動することも「避難」です。この対応であれば、誰でもできると思います。たまには家族全員で最も安全な部屋で就寝することがあってもよいのではないでしょうか。

図7.24　回覧板（宴会案内）

図7.25　２階への避難は逃げやすさの面で最善

このように、避難とは必ず避難所へ移動するものではありません。危険を避けるものであるので、その目的さえ達成すれば、どこに移動しても構いません。自治体としては、管理されている施設を準備しますが、必ずしもそこに移動しなければならないものではありません。

よって、「避難」の方法は、地域で決まっているものではなく、個々の対応で考えるべきものです。みなさんの実現可能な「避難」の方法を考えて、家族全員にあらかじめ周知しておきましょう。

4　だれと避難するのか

災害時要援護者が被災者に占める割合を図7・26に示しました。65歳以上の人口は平成26年9月現在で25・9％ですからおよそ4分の1ですが、被災した割合は、約60％になっています。なぜこのように高い割合となるのかについて、みなさんと論じるまでもありません。世の中の人は誰もが簡単に避難できません。土砂災害の分野では、災害時に自力で避難することが困難な人のことを「災害時要援護者」と定義しています。高齢者、障害者、乳幼児、妊婦、傷病者、日本語が不自由な外国人等がこれに当たります。そして、みなさんの大切な人もこの中に多く含まれていると思います。これを認識しておけば、かならず誰と避難するのか（災害時要援護者を誰が避難させるのか）という視点が思い浮かびます。普通の人は普通に避難できます。決め事としてあらかじめ周知しておけば、必ずその場所で集合できると思います。あらゆることを想定して、役割分担を決めておきましょう。役割分担を決めて周知すると責任を感じます。使命感が湧くでしょう。役割分担が明確でないばかりに被災後に後悔したくはありません。遠方にいるご両親やお年寄りに対しても、電話などで連絡すれば、何らかの対策はできるはずです。

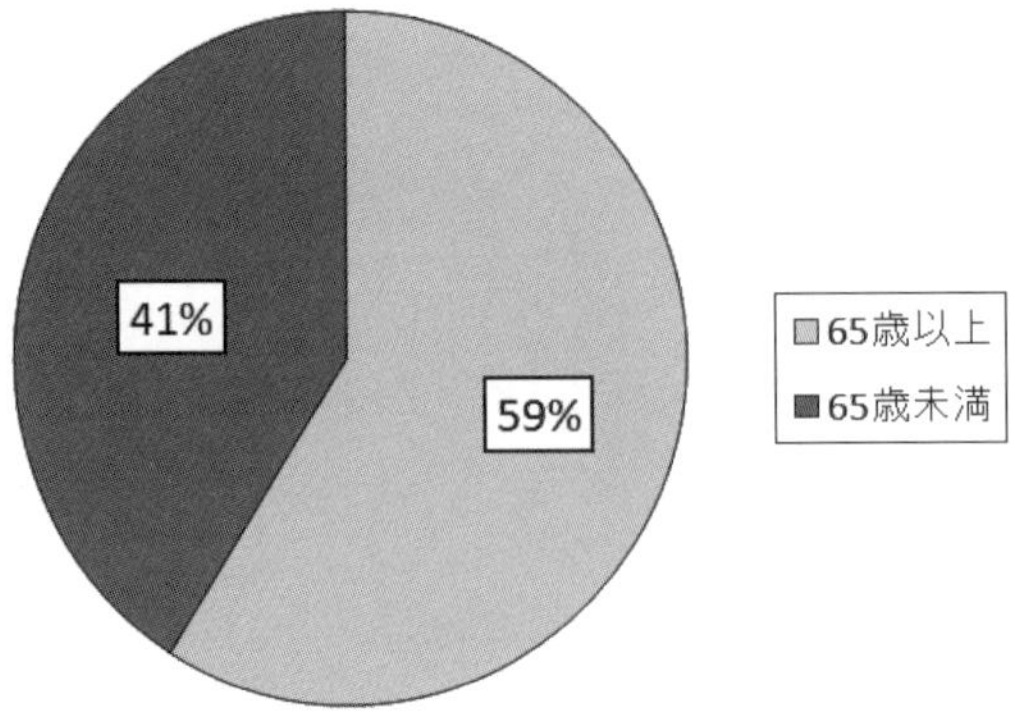

図7.26　土砂災害による被災者のうち災害時要援護者の割合（平成25年「国土交通白書」より）

また、昼間に大きな災害が発生した場合は、家

図7.27　自分だけじゃない。大切な人とともに

族がばらばらで避難することになります。そういったことをあらかじめ想定して、どの避難所に集合するのかをあらかじめ決めておくとよいです。東日本大震災のような災害の場合は、どの避難所に家族がいるのかを捜すだけでも大変なことでした。最終的にどこに集まるのかを明確に決めておくことで、その場所に待ち続けられます。自身が動けなくてもどこに家族がいるのかを理解しておけば伝言することもできます。どのような場面であっても、大切な人とは一つの想いで繋がっていたいと思います。

以上の項目について対応できれば、土砂災害で大切な人を失う確率はかなり低くなると思います。ところで、どの項目でも同じようなことを述べていることに気づかれたでしょうか。それは、

図7.28　自分で行動！　自分と大切な人の最善案は？

「自分で考えて自分で行動する」

という点です。大雨警報などの気象予報、避難勧告などの防災情報は、地域全体に出されます。しかし、土砂災害はその特性のため、諸条件が変われば同じ状況においても、1人1人の対応は変わります。でも、それはその時に判断するものではなく、あらかじめ決めておくことができるものです。大雨時にパニックにならないよう、あらかじめ準備をしておくことが望まれます。そして、ご自宅が土砂災害によって被災する可能性があるならば、事前準備をしておくことをお勧めします。

みなさんの周りには大切な人たちが多くいると思います。誰も失ってはいけません。また、みなさんは自分だけのものではありません。周りから必要と

図7.29　被災しなければ万歳三唱！

され、大切な人と思われています。ご自身を大切に、周りの人を大切に。そのために何ができるのかについて、考えていただければと思います。

被災しなければそれでよし、被災した時でもみんな無事でよかったねと言える人生を送っていただきたいと心より願っております。

あとがき

土砂災害で多くの方々の命が失われたニュースを見るたびに、涙が出てくるのは私だけでしょうか。土砂災害のソフト対策に携わる技術者にとって、まことに残念なことです。ソフト対策の神髄は「周知する」ことに尽きると思います。土砂災害の警戒避難基準雨量に関わる研究を長らく行ってきましたが、今回全国の災害、中国地方の災害、そして岡山県の災害を集めて分析すると、大雨警報が警戒避難に絶大な効果があることに気づきました。避難するには、いいタイミングで発表されていると感じました。「さすが気象台！」と本当に思います。適時適切な情報提供に心より感謝したいです。そして、この大雨警報は歴史が古く、誰もが知っている気象警報です。このことは、ソフト対策の最重要課題である「周知する」という点を完全にクリアしているのです。大切な人を失わないために早めに行動を開始し、みなさまそれぞれにおいて、最も適切な行動を普段から考えてください。岡山県や自治体からハザードマップをはじめ様々な情報が提供されています。普通の地形図を閲覧してもよいと思います。いざという時の対応を頭に入れて、非常時にそのように動くことを心がけてほしいと思います。

岡山県では、平成26年の広島災害を受けて、土砂災害に対する警戒を強めています。今このときが、土砂災害のソフト対策を知って頂くうえで良いタイミングだと思い、本書の製作を始めました。

まず岡山県土木部防災砂防課及び河川課のみなさまには、膨大なデータを研究用にご提供いただきました。ソフト対策の基本となる降雨データ（岡山県水防テレメータシステム）と既往災害データを用いて、岡山県の土砂災害発生における時間的・空間的特性を検討させていただきました。原啓太郎氏には、これらの分析を担当いただきました。また、吉﨑健太氏には、全国の災害事例を整理・分析し、さらに中国地方における災害特性について調査いただきました。岡山地方気象台のみなさまには気象予報に関して多大なご助言をいただきました。大雨警報はもちろん土砂災害警戒情報、土壌雨量指数、大雨特別警報などについて大変親切にご対応いただきました。吉備人出版の金澤健吾氏には、今回の出版に関して計画段階からご助言や手配をいただきました。

以上の皆様には、今回の執筆において多大なご協力を賜り感謝いたします。ありがとうございました。ここに記してお礼申し上げます。

平成27年9月

岡山理科大学　生物地球学部　生物地球学科　佐藤丈晴

参考文献

【第1章】
長崎大学学術調査団　１９８２　昭和57年7月長崎豪雨による災害の調査報告書
荒木義則、増田榮三郎、水山高久　２００１　６・29広島土石流災害での目撃者証言による土石流の挙動、砂防学会誌、第54号、第1巻、72〜76頁
海堀正博、大村寛、久保田哲也、西村賢、古澤英生、井上新平　２００４　大分県鶴見町における季節はずれの豪雨と土砂災害の特徴　砂防学会誌、第57号、第1巻、20〜26頁
林拙郎、土屋智、近藤観慈、芝野博文、沼本晋也、小杉賢一朗、山越隆雄、池田暁彦　２００４　２００４年9月29日、台風21号に伴って発生した三重県宮川村の土砂災害（速報）　砂防学会誌、第57号、第4巻、48〜55頁
谷口義信他　２００５　２００５年9月台風14号による土砂災害　砂防学会誌、第58号、第4巻、46〜53頁
海堀正博、浦真、吉村正徳、藤本英治　２００６　２００５年9月6日広島県宮島で発生した土石流災害　砂防学会誌、第58号、第5巻、18〜21頁
清水収、地頭薗隆　２００７　２００６年7月豪雨による九州南部の土砂災害　砂防学会誌、第60号、第5巻、60〜65頁
古川浩平他　２００９　２００９年7月21日山口県防府市での土砂災害緊急調査報告　砂防学会誌、第62号、第3巻、62〜73頁
海堀正博、杉原成満、中井真司、荒木義則、山越隆雄、林真一郎、山下祐一　２０１０　２０１０年7月16日に発生した広島県庄原市の土砂災害の緊急調査報告　砂防学会誌、第63号、第4巻、30〜37頁
笹原克夫、加藤仁志、桜井亘、石塚忠範、梶昭仁　２０１１　平成23年台風6号により高知県東部で発生した深層崩壊　砂防学会誌、第64号、第4巻、39〜45頁
松村和樹他　２０１２　２０１１年9月台風12号による紀伊半島で発生した土砂災害　砂防学会誌、第64号、第5巻、43〜53頁
久保田哲也他　２０１２　平成24年年7月九州北部豪雨による阿蘇地域の土砂災害　砂防学会誌、第65号、第4巻、50〜61頁

海堀正博他　2013　2013年7月28日に山口県東部および島根県西部で発生した局地的集中豪雨による土砂災害　砂防学会誌、第66号、第4巻、48～55頁
石川芳治他　2014　2013年10月16日台風26号による伊豆大島土砂災害　砂防学会誌、第66号、第5巻、61～72頁
平松晋也他　2014　平成26年7月9日長野県南木曽町で発生した土石流災害　砂防学会誌、第67号、第4巻、38～48頁
海堀正博他　2014　2014年8月20日に広島市で発生した集中豪雨に伴う土砂災害　砂防学会誌、第67号、第4巻　49～59頁
気象庁HP　知識と解説　http://www.jma.go.jp/jma/menu/menuknowledge.html
道上正規、小島英司　1981　集中豪雨による崖崩れの発生予測に関する研究　鳥取大学工学部研究報告　12巻　167～178頁
岡田憲2　2007　土壌雨量指数による土砂災害発生危険度予測の現状〈小特集〉降雨時の斜面モニタリングとリアルタイム崩壊予測）土と基礎 第55巻　第9号　4～6頁
気象庁予報部　2002　土壌雨量指数の解説　予報技術資料第53号
牧原康隆・平沢正信　1993　斜面崩壊危険度予測におけるタンクモデルの精度　研究時報　45巻　第2号　35～70頁
改訂　砂防用語集
深層崩壊の特徴　国土交通省HP　http://www.mlit.go.jp/common/001019675.pdf

【第2章】

岡山県防災砂防課　2014　岡山県災害資料
牛山素行　2013　平成25年7月山口島根の豪雨による災害の特徴　自然災害科学　J・JSNDS　第32巻　第2号　207～215頁
海堀正博他　2010　2010年7月16日に発生した広島県庄原市の土砂災害の緊急調査報告　砂防学会誌、第63号、第4巻、30～37頁

古川浩平他　２００９　２００９年7月21日山口県防府市での土砂災害緊急調査報告　砂防学会誌、第62号、第3巻、62～73頁
坂藤浩造　２０１１　土砂災害対策と地すべり対策事業について　中国地質調査業協会　平成23年度合同技術講演会　第2部 防災・地質・地震の今を、岡山から考える
岡山地方気象台　２０１３　平成25年8月5日の岡山県の大雨について　気象速報　岡山地方気象台
佐藤丈晴　２０１４　前期降雨のない集中豪雨に対する警戒避難の対応　―２０１３年8月岡山県の被災事例より―　砂防学会誌、第67号、第2巻、28～32頁

【第3章】
XバンドMPレーダ雨量情報　http://www.river.go.jp/xbandradar/index.html
岡山県土木部　２０１４　岡山県水防テレメータ資料（降雨データ）
岡山県総合防災情報システム　岡山防災ポータル http://www.bousai.pref.okayama.jp/bousai/
気象庁　２０１５　気象観測統計の解説
おかやま全県統合型ＧＩＳ　http://www.gis.pref.okayama.jp/map/top/index.asp
国土交通省　国土政策技術総合研究所　２００１　土砂災害警戒避難基準雨量の設定手法　国土技術政策総合研究所資料　第5巻
中日本高速道路株式会社　２００５　異常降雨時の通行規制基準設定マニュアル
道上正規・小島英司　１９７９　集中豪雨による崖崩れの発生予測に関する研究　鳥取大学工学部研究報告第12巻　１６７～１７８頁
岡田憲治　２００７　土壌雨量指数による土砂災害発生危険度予測の現状　土と基礎　第55巻　第9号　４～６頁
岡田憲治、牧原康隆、新保明彦、永田和彦、国次雅司、斉藤清　２００１　土壌雨量指数　天気　第48巻　第5号　３４９～３５６頁
大西晴夫　２００２　気象庁が発表する防災気象情報の改善について　予防時報第２１０　42～48頁

【第4章】
国土交通省砂防部　２０１３　平成25年の土砂災害
国土交通省　水管理・国土保全局　砂防部　２０１３　国土保全と砂防
岡山地方気象台　２００５　図表で見る岡山県の気象
岡山河川事務所　２００６　号外　おかやま河川だより「平成18年7月豪雨」による出水（速報）
気象庁　２０１１　災害時気象速報　平成23年台風第12号による8月30日から9月5日にかけての大雨と暴風
大阪管区気象台　２０１３　平成25年8月30日から9月4日にかけての近畿・中国・四国地方の大雨について（大阪管区気象台管内：近畿・中国・四国地方の気象速報）

【第5章】
気象庁ＨＰ　警報・注意報発表基準一覧表（岡山県）http://www.jma.go.jp/jma/kishou/know/kijun/okayama.html
岡山地方気象台ＨＰ　岡山県の気象　http://www.jma-net.go.jp/okayama/guide/geppou.html
岡山地方気象台　１９９５～２０１４　気象月報
長崎大学学術調査団　１９８２　昭和57年7月長崎豪雨による災害の調査報告書
建設省河川局砂防部　１９８４　土石流災害に関する警報の発令と避難指示のための降雨量設定指針（案）
建設省河川局砂防部　１９９３　総合土砂災害対策検討会における提言および検討結果
国土交通省　国土政策技術総合研究所　２００１　土砂災害警戒避難基準雨量の設定手法　国土技術政策総合研究所資料　第5巻
国土交通省河川局砂防部　気象庁予報部　国土交通省国土技術政策総合研究所　２００５　国土交通省河川局砂防部と気象庁予報部の連携による土砂災害警戒避難基準雨量の設定手法（案）
国土交通省河川局砂防部　気象庁予報部　国土交通省国土技術政策総合研究所　２００５　都道府県と気象庁が共同して土砂災害警戒情報を作成・発表するための手引き
気象庁ＨＰ　雨の強さと降り方　http://www.jma.go.jp/jma/kishou/know/yougo_hp/amehyo.html
国土交通省　２０１５　国土交通白書

【第6章】
気象庁　２０１３　気象等の特別警報の指標　気象庁ＨＰ　特別警報の発表基準について　http://www.jma.go.jp/jma/kishou/know/tokubetsu-keiho/kizyun.html
気象庁　２０１３　特集　特別警報の開始と新たな気象防災
牛山素行　２０１３　地域防災のための水文・気象情報活用の手引き
（土壌雨量指数の履歴順位）
中小河川計画検討会　１９９９　中小河川計画の手引き（案）～洪水防御計画を中心として～

【第7章】
土砂災害防止法の概要（パンフレット）　国土交通省ＨＰ　http://www.mlit.go.jp/river/sabo/linksinpou.htm
土砂災害危険箇所の整備状況（ＰＤＦ）　国土交通省ＨＰ　http://www.mlit.go.jp/mizukokudo/sabo/index.html
土砂災害防止法に関する政策レビュー委員会 ２００１　国土交通省　資料2土砂災害防止法の概要
岡山全県統合型ＧＩＳ　http://www.gis.pref.okayama.jp/map/top/index.asp
総合防災情報システム　おかやま防災ポータル　http://www.bousai.pref.okayama.jp/bousai/note/#saigai
国土交通省砂防部　２０１４　第1回土砂災害対策検討委員会資料（最近発生した土砂災害の特徴と課題（資料２））
独立行政法人産業技術総合研究所　地質図Ｎａｖｉ　https://gbank.gsj.jp/geonavi/
岡山県内地質図作成プロジェクトチーム　２００９　岡山県内地質図
鈴木隆介　２０００　建設技術者のための地形図読図入門　第三巻　段丘・丘陵・山地
国土交通省砂防部　２０１４　土砂災害対策の強化に向けた検討会　ソフト対策分科会（第1回）資料１　協議資料
内閣府　２０１５　２０１４年8月広島豪雨災害時の犠牲者の特徴と課題　内閣府・総合的な土砂災害対策検討ワーキンググループ資料
気象庁　土砂災害警戒情報　http://www.jma.go.jp/jp/dosha/
平成25年国土交通白書　２０１３
総務省　２０１４　統計から見た我が国の高齢者（65歳以上）

■著者紹介
佐藤丈晴（さとう・たけはる）

岡山理科大学生物地球学部生物地球学科准教授。

1972年、岡山県玉野市生まれ。岡山大学大学院理学研究科修了後、株式会社エイト日本技術開発（当時エイトコンサルタント）へ入社。プロジェクトマネージャーとして地質調査及び防災業務に従事。また、インフラ施設の整備優先順位評価技術、災害リスク評価技術、工事影響評価技術等の評価（特許）技術の開発実用化に携わり、技術営業を展開した。2013年4月より現職。

専門分野は土砂災害を主とした豪雨災害のソフト対策。既往の災害、降雨、点検、測量資料に基づいた計画・研究・分析・評価に関する建設コンサルタント技術の開発を行っている。

取得資格は、技術士（建設）、APEC ENGINEER（Civil）、上級土木技術者（防災）、博士（工学）ほか。

命を守るための土砂災害読本
―岡山県過去20年の降雨量に基いて―

2015年11月13日　発行

著　者　佐藤丈晴
発　行　吉備人出版
〒700-0823 岡山市北区丸の内2丁目11-22
電話 086-235-3456　ファクス 086-234-3210
ホームページ　http://www.kibito.co.jp
Eメール　books@kibito.co.jp
印　刷　株式会社三門印刷所
製　本　株式会社岡山みどり製本

ISBN978-4-86069-451-7　C0051